U0009451

復刻彩圖版

站在巨人肩上

THE ILLUSTRATED
ON THE SHOULDERS OF GIANTS

物理學與天文學的偉大著作集

哥白尼／伽利略／克卜勒／牛頓／愛因斯坦·等著

張卜天／戈革／王克迪／范岱年／許良英·等譯

霍金 (Stephen Hawking)·編／導讀

THE ILLUSTRATED ON THE SHOULDERS OF GIANTS

On the Shoulders of Giants by Stephen Hawking

Copyright © 2002 by Stephen Hawking

All rights reserved under the Pan-American and International Copyright Conventions

Text of On the Revolutions of Heavenly Spheres courtesy of Annapolis: St. John's Bookstore, ©1939

Text of Harmonies of the World courtesy of Annapolis: St. John's Bookstore, ©1939

Text of Dialogues Concerning Two New Sciences courtesy of Dover Publications

Text of Principia courtesy of New York: Daniel Adee, ©1848

Text of Selections from The Principle of Relativity,

The Albert Einstein Archives © The Jewish National & University Library,

The Hebrew University of Jerusalem, Israel.

Chinese translation copyright © 2019 by Locus Publishing Company

This edition published by arrangement with Running Press, an imprint of Perseus Books LLC,

a subsidiary of Hachette Book Group, Inc., New York, New York, USA.

Through Bardon-Chinese Media Agency

本書中文版權經由博達著作權代理有限公司取得

ALL RIGHTS RESEVED

Locus Publishing Company

11F, 25, Sec. 4, Nan-King East Road, Taipei, Taiwan

ISBN 978-986-213-966-0 Chinese Language Edition

March 2019, First Edition

Printed in Taiwan

站在巨人肩上（復刻彩圖版）

作者：哥白尼・等

編 / 導讀：霍金（Stephen Hawking）

譯者：張卜天・等

責任編輯：湯皓全　美術編輯：何萍萍

法律顧問：董安丹律師、顧慕堯律師

出版者：大塊文化出版股份有限公司

台北市 10550 南京東路 4 段 25 號 11 樓

www.locuspublishing.com

讀者服務專線：0800-006689

TEL: (02) 87123898 FAX: (02) 87123897

郵撥帳號：18955675　戶名：大塊文化出版股份有限公司

版權所有・翻印必究

總經銷：大和書報圖書股份有限公司　　地址：新北市新莊區五工五路 2 號

TEL: (02) 8990-2588（代表號）　　FAX: (02) 2290-1658

二版一刷：2019 年 3 月

定價：新台幣 480 元

目　錄

關 於 英 文 文 本 的 說 明

本書所選的英文文本均譯自業已出版的原始文獻。我們無意把作者本人的獨特用法、拼寫或標點強行現代化，也不會使各文本在這方面保持統一。此外：

尼古拉·哥白尼的《天體運行論》（*On the Revolutions of Heavenly Spheres*）首版於一五四三年，出版時的標題為*De revolutionibus orbium colestium*。這裏選的是Charles Glen Wallis的譯本。

伽利略·伽利萊的《關於兩門新科學的對話》（*Dialogues Concerning Two New Sciences*）一六三八年由荷蘭出版商Louis Elzevir首版，出版時的標題為*Discorsi e Dimostrazioni Matematiche, intorno à due nuove scienze*。這裏選的是Henry Crew和Alfonso deSalvio的譯本。

約翰內斯·克卜勒的《世界的和諧》（*Harmonies of the World*）共分五卷，作品完成於一八一六年五月二十七日，出版時的標題為*Harmonices Mundi*。這裏選的是Charles Glen Wallis的第五卷譯本。

伊薩克·牛頓《自然哲學之數學原理》（*The Mathematical Principles of Natural Philosophy*或*Principia*）首版於一六八七年，出版時的標題為*Philosophiae naturalis principia mathematica*。這裏選的是Andrew Motte的譯本。

我們從H. A. Lorentz、 A. Einstein、H. Minkowski和H. Weyl的《相對論原理：狹義相對論原始論文集》（*The Principle of Relativity: A Collection of Original Papers on the Special Theory of Relativity*）中選擇了**阿爾伯特·愛因斯坦**的數篇文章。整部文集原先是德文，被冠以《相對論原理》（*Das Relativitatsprinzip*）的書名於一九二二年首版。這裏選的是W. Perrett和G. B. Jeffery的譯本。

原編者

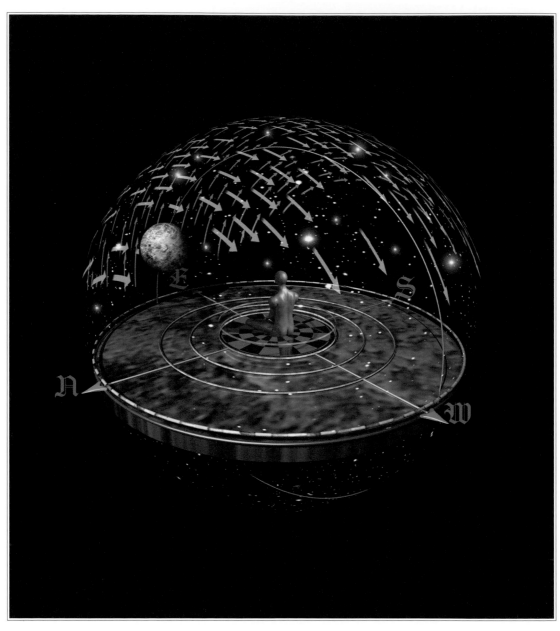

雖然托勒密關於太陽、行星和恆星的看法早已被擯棄，但我們的知覺仍然是托勒密式的。我們看到太陽從東方升起（儘管與地球相比它是靜止不動的），天空在我們上方運行，而且我們不顧地球是個球體這一事實，仍然使用東西南北四個方向。

前言

「如果說我看得比別人更遠，那是因爲我站在巨人的肩上。」伊薩克・牛頓在一六七六年致羅伯特・胡克（Robert Hooke）的一封信中這樣寫道。儘管牛頓在這裏指的是他在光學上的發現，而不是指他關於引力和運動定律的更重要的工作，但這句話仍然不失爲一種適當的評論——科學乃至整個文明是累積前進的，它的每項進展都建立在已有的成果之上。這就是本書的主題，從尼古拉・哥白尼提出地球繞太陽轉的劃時代主張，到愛因斯坦關於質量與能量使時空彎曲的同樣革命性的理論，本書用原始文獻來追溯我們關於天的圖景的演化歷程。這是一段動人心魄的傳奇之旅，因爲無論是哥白尼還是愛因斯坦，都使我們對自己在萬事萬物中的位置的理解發生了深刻的變化。我們置身於宇宙中心的那種特權地位已然逝去，永恆和確定性已如往事雲煙，絕對的空間和時間也已經被橡膠布所取代了。

難怪這兩種理論都遭到了強烈的反對：哥白尼的理論受到了教廷的干預，相對論受到了納粹的壓制。我們現在有這樣一種傾向，即把亞里斯多德和托勒密關於太陽繞地球這個中心旋轉的較早的世界圖景斥之爲幼稚的想法。然而，我們不應對此冷嘲熱諷，這種模型決非頭腦簡單的產物。它不僅把亞里斯多德關於地球是一個圓球而非扁平盤子的推論包含在內，而且在實現其主要功能，即出於占星術的目的而預言天體在天空中的視位置方面也是相當準確的。事實上，在這方面，它足以同一五四三年哥白尼所提出的地球與行星都繞太陽旋轉的異端主張相媲美。

伽利略之所以會認爲哥白尼的主張令人信服，並不是因爲它與觀測到的行星位置更相符，而是因爲它的簡潔和優美，與

之相對的則是托勒密模型中複雜的本輪。在《關於兩門新科學的對話》中，薩耳維亞蒂和薩格利多這兩個角色都提出了有說服力的論證來支持哥白尼，然而第三個角色辛普里修卻依然有可能爲亞里斯多德和托勒密辯護，他堅持認爲，實際上是地球處於靜止，太陽繞地球旋轉。

直到克卜勒開展的工作，日心模型才變得更加精確起來，之後牛頓賦予了它運動定律，地心圖景這才最終徹底喪失了可信性。這是我們宇宙觀的巨大轉變：如果我們不在中心，我們的存在還能有什麼重要性嗎？上帝或自然律爲什麼要在乎從太陽算起的第三塊岩石上（這正是哥白尼留給我們的地方）發生了什麼呢？現代的科學家在尋求一個人在其中沒有任何地位的宇宙的解釋方面勝過了哥白尼。儘管這種研究在尋找支配宇宙的客觀的、非人格的定律方面是成功的，但它並沒有（至少是目前）解釋宇宙爲什麼是這個樣子，而不是與定律相一致的許多可能宇宙中的另一個。

有些科學家會說，這種失敗只是暫時的，當我們找到終極的統一理論時，它將唯一地決定宇宙的狀態、引力的強度、電子的質量和電荷等。然而，宇宙的許多特徵（比如我們是在第三塊岩石上，而不是第二塊或第四塊這一事實）似乎是任意和偶然的，而不是由一個主要方程式所規定的。許多人（包括我自己）都覺得，要從簡單定律推出這樣一個複雜而有結構的宇宙，需要借助於所謂的「人擇原理」，它使我們重新回到了中心位置，而自哥白尼時代以來，我們已經謙恭到不再作此宣稱了。人擇原理基於這樣一個不言自明的事實，那就是在我們已知的產生（智慧？）生命的先決條件當中，如果宇宙不包含恆星、行星以及穩定的化合物，我們就不會提出關於宇宙本性的問題。即使終極理論能夠唯一地預測宇宙的狀態和它所包含的東西，這一狀態處在使生命得以可能的一個小子集中也只是一

個驚人的巧合罷了。

　　然而，本書中的最後一位思想家阿爾伯特·愛因斯坦的著作卻提出了一種新的可能性。愛因斯坦曾對量子理論的發展起過重要的作用，量子理論認為，一個系統並不像我們可能認為的那樣只有單一的歷史，而是每種可能的歷史都有一些可能性。愛因斯坦還幾乎單槍匹馬地創立了廣義相對論，在這種理論中，空間與時間是彎曲的，並且是動力學的。這意味著它們受量子理論的支配，宇宙本身具有每一種可能的形狀和歷史。這些歷史中的大多數都將非常不適於生命的成長，但也有極少數會具備一切所需的條件。這極少數歷史相比其他是否只有很小的可能性，這是無關緊要的，因為在無生命的宇宙中，將不會有人去觀察它們。但至少存在著一種歷史是生命可以成長的，我們自己就是證據，儘管可能不是智慧的證據。牛頓說他是「站在巨人的肩上」，但正如本書所清楚闡明的，我們對事物的理解並非只是基於前人的著作而穩步前行的。有時，正像面對哥白尼和愛因斯坦那樣，我們不得不向著一個新的世界圖景做出理智上的跨越。也許牛頓本應這樣說，「我把巨人的肩用做了跳板。」

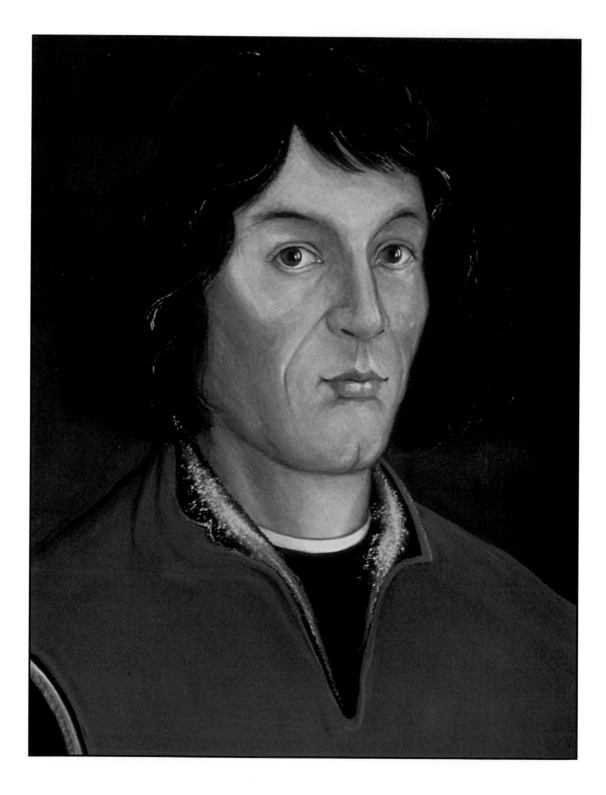

尼古拉・哥白尼 *(1473-1543)*

生平與著作

　　尼古拉・哥白尼這位十六世紀的波蘭牧師和數學家，往往被認為是近代天文學的奠基人。他之所以能夠獲得如此殊榮，是因為他是第一個得出這樣結論的人——即行星與太陽並非繞地球旋轉。當然，關於日心宇宙的猜想早在阿里斯塔克（Aristarchus）（死於西元前二三〇年）那裏就出現了，但在哥白尼以前，這個想法從未被認真考慮過。要想理解哥白尼的貢獻，考察科學發現在他那個時代所具有的宗教和文化涵義是重要的。早在西元前四世紀，希臘思想家、哲學家亞里斯多德（西元前三八四——前三二二）在其《論天》（*De Caelo*）一書中就構想了一個行星體系。他還斷定，由於在月食發生時地球落在月亮上的陰影總是呈圓形，所以地球是球狀的而不是扁平的。他之所以猜想地球是圓的，還因為遠航船隻的船體總是先於船帆在地平線上消失。在亞里斯多德的地心體系中，地球是靜止不動的，而水星、金星、火星、木星、土星以及太陽和月亮則繞地球做圓周運動。亞里斯多德還認為，恆星固定於天球之上，根據他的宇宙尺度，這些恆星距離土星天球並不是太遠。他確信天體在做完美的圓周運動，並有很好的理由認為地球處於靜止。一塊從塔頂釋放的石頭會垂直下落，它並沒有像我們所期待的那樣落在西邊，如果地球是自西向東旋轉的話（亞里

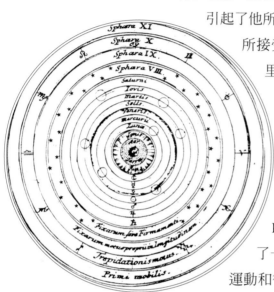

托勒密關於宇宙的地心模型。

斯多德並不認爲石頭會參與地球的旋轉）。在嘗試把物理學與形而上學結合起來的過程中，亞里斯多德提出了他的「原動者」理論，這種理論認爲，有一種隱藏在恆星後面的神祕力量引起了他所觀察到的圓周運動。這種宇宙模型爲神學家們所接受和擁護，他們往往把原動者解釋爲天使。亞里斯多德的這一看法持續了數個世紀之久。許多現代學者都認爲，宗教權威對這種理論的普遍接受阻礙了科學的發展，因爲挑戰亞里斯多德的理論，就等於挑戰教會本身的權威。

在亞里斯多德去世五個世紀之後，一個名叫克勞迪烏斯‧托勒密（Claudius Ptolemaeus）（八七—一五○）的埃及人建立了一個宇宙模型，用它可以更準確地預測天球的運動和行程。像亞里斯多德一樣，托勒密也認爲地球是靜止不動的，他推論說，物體之所以會落向地心，是因爲地球必定靜止在宇宙的中心。托勒密最終精心設計了一個天體沿著自身的本輪（本輪是這樣一個圓，行星沿著本輪運動，而同時本輪的中心又沿著一個更大的圓做圓周運動）做圓周運動的體系。爲了達到目的，他把地球從宇宙的中心稍微移開了一些，並把新的中心稱爲「偏心均速點」（equant）——一個幫助解釋行星運動的假想的點。只要適當選擇圓的大小，托勒密就能夠更好地預測天體的運行。基督教與托勒密的地心體系基本上沒有什麼衝突，地心體系在恆星後面爲天堂和地獄留下了空間，所以教會把托勒密的宇宙模型當做眞理接受了下來。

亞里斯多德和托勒密的宇宙圖景統治達一千多年，其間基本沒有經歷什麼大的改動。直到一五一四年，波蘭牧師尼古拉‧哥白尼才復活了日心宇宙模型。哥白尼只是把它當做一個計算行星位置的模型提了出來，因爲他擔心如果主張它是對實

在的描述，那麼教會就可能把他定為異端。通過對行星運動的研究，哥白尼確信地球只是另外一顆行星罷了，位於宇宙中心的是太陽。這一假說以日心模型而著稱。哥白尼的突破是世界史上最重大的範式轉換之一，它為近代天文學開闢了道路，並且對科學、哲學和宗教都有著深遠的影響。這位上了年紀的牧師不願洩漏自己的理論，以免招致教會權威的過激反應，所以他只是把自己的著作給少數幾位天文學家看了。到了一五四三年，當哥白尼臨死時，他的巨著《天體運行論》（*On the Revolutions of Heavenly Spheres* 或 *De revolutionibus orbium coelestium*）出版了。他活著的時候沒有見證他的日心理論可能造成的混亂。

哥白尼關於宇宙的日心模型。

一四七三年二月十九日，哥白尼出生在托倫（Torun）城的一個非常重視教育的商人和市政官員家庭。他的舅舅，埃姆蘭德（Ermland）的主教魯卡斯·瓦琴洛德（Lukasz Watzenrode），確保他的這個外甥可以得到波蘭最好的學術教育。一四九一年，哥白尼進入克拉科夫大學就讀，在那裏學習了四年的通識課程之後，他決定去義大利學習法律和醫學，這也是當時波蘭傑出人物的普遍做法。當哥白尼在波隆那（Bologna）大學（在那裏，他最終成了一位天文學教授）就讀時，曾寄宿在一位著名的數學家多米尼科·馬利亞·德·諾瓦拉（Domenico Maria de Novara）家中，哥白尼後來成了他的學生。諾瓦拉是托勒密的批評者，他對其西元二世紀的天文學理論持懷疑態度。一五○○年十一月，哥白尼在羅馬對一次月食進行了觀測。儘管在以後的幾年裏，他仍在義大利學習醫學，但他從未喪失過對天文學的熱情。

一五○○年的一次月食激起了哥
白尼對天文學的興趣。

在獲得了教會法博士學位之後,哥白尼在他舅舅生活過的海爾斯堡(Heilsberg)主教教區行醫。王室成員和高級牧師都要求他看病,但哥白尼卻把絕大部分時間花在了窮人身上。一五○三年,他回到波蘭,搬進了他舅舅在里茲巴克瓦明斯基(Lidzbark Warminski)的主教官邸。在那裏,他負責處理主教教區的一些行政事務,同時也擔任他舅舅的顧問。當舅舅於一五一二年去世以後,哥白尼就搬到了弗勞恩堡(Frauenburg)定居,並在後半生一直擔任牧師職務。然而,這位數學、醫學和神學方面的學者最廣爲人知的工作才剛剛開始。

一五一三年三月,哥白尼從聖堂參事會買回來八百塊建築石料和一桶石灰,建了一座觀測塔樓。在那裏,他利用四分儀、視差儀和星盤等儀器對太陽、月亮和恆星進行觀測。在接下來的一年,他寫了一本簡短的《要釋》(*Commentary on the Theories of the Motions of Heavenly Objects from Their*

Arrangements 或 *De hypothesibus motuum coelestium a se constitu-tis commentariolus*），但是他拒絕發表手稿，而只是謹慎地把它在最可靠的朋友中流傳。《要釋》是闡述地球運動而太陽靜止這一天文學理論的初次嘗試。哥白尼開始對統治西方思想數個世紀的亞里斯多德─托勒密天文學體系感到不滿。在他看來，地球的中心並不是宇宙的中心，而只是月球軌道的中心。哥白尼最終認為，我們所觀測到的行星運動的明顯擾動，是地球繞軸自轉和沿軌道運轉共同作用的結果。「像其他任何行星一樣，我們也繞太陽旋轉，」他在《要釋》中得出了這樣的結論。

　　儘管關於日心宇宙的猜想可以追溯到西元前三世紀的阿里斯塔克，但是神學家和學者們都覺得，地心理論更讓人感到踏實，這一前提幾乎是不爭的事實。哥白尼小心翼翼地避免公開暴露自己的任何觀點，而寧願通過數學演算和細心繪製圖形來默默發展自己的思想，以免把理論流傳到朋友圈子以外。一五一四年，當教皇利奧十世責成弗桑布隆（Fossombrone）的保羅主教讓哥白尼對改革教曆發表看法時，這位波蘭天文學家回答說，我們關於日月運動與周年長度之間關係的知識匱乏到經受不起任何改革。然而，這個挑戰必定使哥白尼耿耿於懷，因為他後來把一些相關的觀測寫信告訴了教皇保羅三世（指派米開朗基羅為西斯汀禮拜堂作畫的正是這位教皇），這些觀測在七十年後成了制定格里高利曆（Gregorian Calendar）的基礎。

　　哥白尼仍然擔心會受到民眾和教會的譴責，他花了數年私下裏修訂和增補了《要釋》，其結果就是一五三〇年完成的《天體運行論》，但卻晚了十三年才出版。然而，擔心教會的譴責並非哥白尼遲遲不願出版的唯一原因。哥白尼是一個完美主義者，他總覺得自己的發現尚待考證和修訂。他不斷講授自己的行星理論，甚至還給認可其著作的教皇克萊門七世作講演。一五三六年，克萊門正式要求哥白尼發表自己的理論。哥白尼

托勒密正在使用星盤。人們經常把托勒密與埃及國王混同起來，因此本圖中的他戴著一頂王冠。

神學與天文學在對談。教會希望
天文學理論能夠與官方的神學教
義相一致。

的一個二十五歲的德國學生也敦促老師發表《天體運行論》，
這個人名叫格奧格・約阿希姆・雷蒂庫斯（Georg Joachim Rheticus），他放棄了維滕堡（Wittenberg）的數學教席來跟哥白尼學習。一五四〇年，雷蒂庫斯協助編輯這部著作，並把原稿交給了紐倫堡的路德教印刷商，從而最終促成了哥白尼革命。

當《天體運行論》於一五四三年面世時，那些把日心宇宙當做前提的新教神學家攻擊它有悖於《聖經》。他們認為，哥白尼的理論有可能誘使人們相信，他們只是自然秩序的一部分，而不是自然繞之加以排列的中心。正是由於神職人員的這種反對，或許再加上對非地心宇宙圖景的普遍懷疑，從一五四三年到一六〇〇年間，只有屈指可數的幾位科學家擁護哥白尼理論。畢竟，哥白尼並未解決地球繞軸自轉（以及繞太陽旋轉）的任何體系都要面臨的主要問題，即地上的物體是如何跟隨旋轉的地球一起運動的。一位義大利科學家、公開的哥白尼主義者喬爾達諾・布魯諾（Giordano Bruno）回答了這個問題，他主張空間可能沒有邊界，太陽系也許只是宇宙中許多類似體系中的一個。布魯諾還為天文學拓展了一些《天體運行論》沒有觸及到的純思辨的領域。在他的著作和講演中，這位義大利科學家宣稱，宇宙中存在著無數個有智慧生命的世界，甚至有些生命比人還要高級。這種肆無忌憚的言論引起了教廷的警覺，由於這種異端思想，教廷對他進行了譴責和審判。一六〇〇年，布魯諾被燒死在火刑柱上。

然而總體上說，這部著作並沒有立即對近代天文學研究產生影響。在《天體運行論》中，哥白尼所揭出的實際上不是日心體系，而是日靜體系。他認為太陽並非精確位於宇宙的中心，而是在它的附近，只有這樣，才能對觀測到的逆行和亮度變化做出解釋。他斷言，地球每天繞軸自轉一周，每年繞太陽

運轉一周。這本書共分為六卷，在第一卷中，他與托勒密體系
進行了論辯。在托勒密體系中，所有天體都圍繞地球旋轉，而
且這種體系還得出了正確的日心次序：水星、金星、火星、木
星和土星（當時所知道的六顆行星）。在第二卷中，哥白尼運
用數學（即本輪和偏心均速點）解釋了恆星與行星的運動，並
且推論出太陽運動和地球運動的結果是一致的。第三卷給出了
對二分點歲差的數學說明，哥白尼把它歸於地球繞軸的搖擺。
《天體運行論》的其餘部分則把焦點集中在了行星與月球的運
行上面。

哥白尼是第一個把金星與水星正確定位的人，他極為準確

哥白尼拿著一個他關於宇宙的日心模型。

地定出了已知行星的次序和距離。他發現這兩顆行星（金星與水星）距離太陽較近，而且注意到它們在地球軌道內以較快的速度運行。在哥白尼以前，太陽曾被認為是另一顆行星。把太陽置於行星體系的實際中心是哥白尼革命的開始。由於把地球從原本是所有天體賴以穩定的宇宙中心移開了，哥白尼被迫要提出重力理論。哥白尼之前的重力解釋只假定了一個重力中心（地球），而哥白尼卻推測，每一個天體都可能有自己的重力特性，並且斷言說，任何地方的重物都趨向它們自己的中心。這種洞察力終將造就萬有引力理論，但其影響並不是即刻產生的。

　　到了一五四三年，哥白尼的身體右側已經癱瘓，他的身心狀況也已大不如前。這位完美主義者不得不在印刷的最後階段讓出了他的《天體運行論》原稿。哥白尼委任他的學生雷蒂庫斯處理他的手稿，但是當雷蒂庫斯被迫離開紐倫堡時，這份手稿卻落入了路德教派神學家安德里亞斯‧奧西安得（Andreas Osiander）之手。為了安撫地心理論的擁護者，奧西安得在哥白尼不知情的情況下，擅自做了幾處改動。他在扉頁上加入了「假說」一詞，並且刪去了幾處重要的段落，還摻進了他自己的一些話，這些做法減弱了這部著作的影響力和可靠性。據說，哥白尼直到臨終之時才在弗勞恩堡得到了這本書的一個複本，這時他還不知道奧西安得所做的手腳。哥白尼的思想在以後的一百年裏一直相對模糊不定，直到十七世紀，才有像伽利略‧伽利萊、約翰內斯‧克卜勒和伊薩克‧牛頓這樣的人把自己的工作建立在日心宇宙之上，從而有力地消除了亞里斯多德思想的影響。許多人都對這位改變了人們宇宙觀的波蘭牧師做出過評論，在這當中，也許最富表現力的要屬德國作家兼科學家約翰‧沃爾夫岡‧馮‧歌德對哥白尼貢獻的評價了：

哥白尼的學說撼動人類精神之深，自古以來沒有任何一種發現，沒有任何一種創見可與之相比。當地球被迫要放棄宇宙中心這一尊號時，還幾乎沒有人知道它本身就是一個自足的球體。或許，人類還從未面臨過這樣大的挑戰，因爲如果承認這個理論，無數事物就將灰飛煙滅了！誰還會相信那個清純、虔敬而又浪漫的伊甸樂園呢？感官的證據、充滿詩意的宗教信仰還有那麼大的說服力嗎？難怪他的同時代人不願聽憑這一切白白逝去，而要對這一學說百般阻撓，而這在它的皈依者們看來，卻又無異於要求了觀念的自由，認可了思想的偉大，這眞是聞所未聞，甚至連做夢都想不到的。

——約翰·沃爾夫岡·馮·歌德

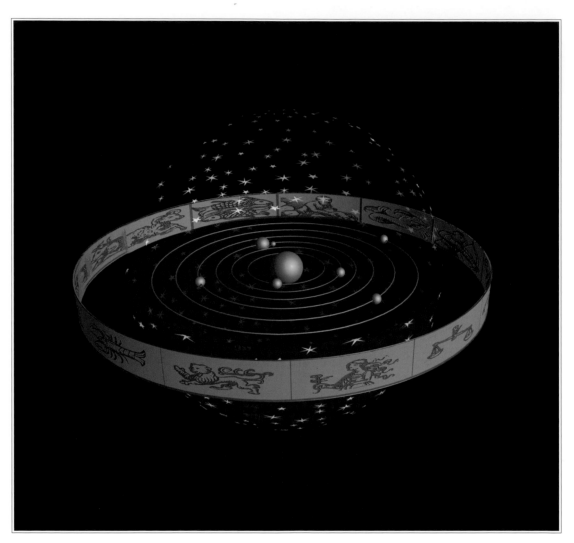

具有占星學關聯的哥白尼宇宙
在那些研究「天」的人看來，天文學和占星學是同一回事。它們也被稱為「天的科學」。

天 體 運 行 論

序言：與讀者談談這部著作中的假說[1]

　　既然這部著作中的新假說——讓地球運動起來，而把靜止不動的太陽置於宇宙的中心——已經廣爲人知，因此我毫不懷疑，某些飽學之士一定會爲此火冒三丈，認爲當前在早已正確建立起來的人文學科中製造任何干擾都是錯誤的。然而，如果他們願意認眞進行考察之後再作結論，那麼就會發現本書作者其實並沒有做出什麼可以橫加指責的事情。要知道，數學家的職責就是先通過艱苦的、訓練有素的觀察把天運動的歷史收集起來，然後——由於他無論如何也不能發現這些運動的眞正原因——再想像或構想出任何令他自己滿意的原因或假說，以至於通過假設這些原因，過去和將來的那些同樣的運動也可以通過幾何學原理計算出來。本書作者在這兩個方面做得都很出色。這些假說無須眞實，甚至也並不一定是可能的，只要它們能夠提供一套與觀測結果相符的計算方法，那就足夠了。或許碰巧有這樣一個人，他對幾何學和光學一竅不通，竟認爲金星的本輪是可能的，並且相信這就是爲什麼金星會在40°左右的角距離處交替移到太陽前後的原因之一。難道誰還能認識不到，這個假設必然會導致如下結果：行星的視直徑在近地點處要比在遠地點處大四倍多，從而星體要大出十六倍以上？但任何時代的經驗都沒有表明這種情況出現過。[2]在這門學科中還有其他一些同樣荒唐的事情，但這裏沒有必要再去考察它們了。事實已經很清楚，這門學科對視運動不均勻的原因絕對是全然無知的。如果說它憑想像提出了一些原因（它當然已經想像出很多了），那麼這不是爲了說服任何人相信它們是眞實的，而只需要認爲它們爲計算提供了一個可靠的基礎。但由於同一種運動有時可以對應不同的假說（比如爲太陽的運動提出偏心率

和本輪），數學家一定會願意優先選用最易掌握的假說。也許
哲學家會要求知道其可能性有多大，但除非是受到神明的啓
示，否則誰也無法把握任何確定的東西，或是能夠把它傳達給
別人。因此，請允許我把這些新的假說也公之於世，讓它們與
那些現在不再被認爲是可能的古代假說列在一起。我之所以要
這樣做，更是因爲這些新假說是美妙而簡潔的，而且與大量精
確的觀測結果相符。既然是假說，誰也不要指望能從天文學中
得到任何確定的東西，因爲天文學提供不出這樣的東西。如果
不瞭解這一點，他就會把爲了別的用處而提出的想法當做眞
理，於是在離開這門學科時，相比於剛剛跨入它的門檻之時，
他儼然就是一個更大的傻瓜。再見。

第一卷 [3]

在滋養人類自然稟賦的各種文化和技術研究中，我認爲首
先應當懷著極大熱忱去研究的，是那些美好而值得瞭解的事
物。那就是探究宇宙中神聖的圓周運動和星體的路徑，它們的
亮度、距離、出沒以及天上其他現象的成因，也就是最終解釋
宇宙的整體結構。有什麼東西能比天更美呢？要知道，天囊括
了一切美好的事物。它的名字本身就說明了這一點：Caelum
（天）的原意是雕琢得很美的東西，而Mundus（世界）則意爲
純潔和優雅。由於其非同尋常的完美性，許多哲學家都把世界
稱爲可見的神明。因此，如果就研究主題來評判各門學科的價
值，那麼最出色的就是這樣一門學科，有些人稱之爲天文學，
另一些人稱之爲占星術，而不少古人則稱其爲數學的最終目
的。這門學科可算得上是一切學問的巔峰，它最值得一個自由
的人去研究。它幾乎依賴於其他一切數學分支，算術、幾何、
光學、測地學、力學以及所有其他學科都對它有所貢獻。既然

一切高尚學術的目的都是爲了引導人類的心靈遠離邪惡，接近
更美好的事物，這門學科當可以更爲出色地完成這一使命，給
予心靈無法想像的愉悅。當一個人致力於由神明所支配的最有
秩序的事物時，他通過潛心思索和體認，難道還覺察不到什麼
是最美好的事，不去讚美一切幸福和善之所歸的萬物創造者

嗎？虔誠的《詩篇》作者宣稱上帝的作品使其歡欣鼓舞，這並非空穴來風，因為這些作品就像某種媒介一樣把我們引向對於至善的沉思。

在這門學科能夠賦予廣大民眾以裨益和美感方面（且不談對於個人的無盡益處），柏拉圖曾經表示過最大的關注。他曾在《法律篇》（Laws）第七卷中指出，這門學科尤其應當加以研究，因為它可以定出月和年的天數，確定儀式和祭祀的時間，從而使國家保持活力和警惕性。柏拉圖說，如果有人否認這項研究對於一個想要從事最高學術研究的人的必要性，那麼他的想法就是愚不可及的。他認為任何不具備關於太陽、月亮以及其他星體的必要知識的人，都不可能變得高尚或被稱為高尚。

然而這門研究最崇高主題的、與其說是人的倒不如說是神的科學，遇到的困難卻不少。特別是，我發現這門學科的許多研究者對於它的原理和假設（希臘人稱之為「假說」）的意見並不統一，所以他們所使用的並不是同一套計算方法。而且，除非是隨著時間的推移，憑藉許多以前的觀測結果，這方面的知識才可以被一代代地傳給後人，否則行星和星體的運行就不可能通過精確的計算確定下來，以使其得到透徹的理解。儘管亞歷山卓的克勞迪烏斯·托勒密遠比他人認真和勤奮，他利用四十多年的觀測，已經把這門學科發展到了臻於完美的境地，以至於一切他似乎都已經涉及了，但我還是發現，仍然有相當多的事實與他的體系所得出的結論不相符，而且後來還發現了一些他所不知道的運動。因此在論及太陽的回歸年時，甚至連普魯塔克也說，「到目前為止，數學家們的聰明才智還無法把握星辰的運動。」以年本身為例，我想人人都知道，關於它什麼樣的看法都有，以致許多人已經對精確測量它感到絕望。同樣，對於其他行星，我也將試圖——這有賴於上帝的幫助，否

彼得・阿庇安（Peter Apian）對地球是球形的十六世紀的證明。

則我將一事無成——就這些問題進行更為詳盡的研究，因為這門學科的創始者們——我們可以把他們的發現同我的新發現進行比較——距離我的時間越長，我用以支持自己理論的途徑就越多。此外，我承認自己闡述事物的方式將與前人有很大不同，但是我很感激他們，因為正是他們最先開闢了研究這些事物的道路。

第一章　宇宙是球形的

首先應當指出，宇宙是球形的。這或是因為在一切形體中，球形是最完美的，它是一個完整的整體，不需要連接處；或是因為它的容積最大，因此特別適於包容萬物；或是因為宇宙的各個部分，即日月星辰看起來都是這種形狀；或是因為宇宙中的一切物體都有被這種邊界包圍的趨勢，就像水滴或別的液滴那樣。因此誰都不會懷疑，這種形狀也必定屬於天體。

第二章　大地也是球形的

大地也是球形的，因為它在各個方向上都擠壓中心。但是地上有高山和深谷，所以乍看起來，大地並不像是一個完美的球體，儘管山谷只能使大地整體的球形發生一點點改變。

這一點可以說明如下。我們從任何地方向北走，周日旋轉

軸的北天極都會逐漸升高，南天極則相應降低。北面的一些星辰永不下落，而南面的一些星辰則永不升起。在義大利看不見老人星，在埃及卻可以看到它。在義大利可以看見波江座南部諸星，在我們這些較冷的地方卻看不見。相反，當我們往南走的時候，南面的諸星升高，而在我們這裏看來很高的星卻沉下去了。

不僅如此，天極的高度變化同我們在地上所走的路程成正比。如果大地不是球形的，情況就決不會如此。由此可見，大地被限定在兩極之間，並且因此是球形的。

再者，我們東邊的居民看不到我們這裏傍晚發生的日月食，西邊的居民也看不到這裏早晨發生的日月食；至於中午的日月食，我們東邊的居民要比我們看到的晚一些，而西邊的居民則要比我們看到的早一些。

航海家們已經注意到，大海也是這種形狀。比如當從船的甲板上還看不到陸地的時候，在桅杆頂端卻能看到。反之，如果在桅杆頂端放置一個明亮的東西，那麼當船駛離海岸的時候，岸上的人就會看到亮光逐漸降低，直至最後消失，好像是在沉沒一樣。

此外，本性即為流淌的水同土一樣總是趨於低處，海水不會超過海岸凸起的限度而流到岸上較高的地方去。因此，只要陸地露出海面，它就比海面距離地球中心更遠。

第三章　大地和水是如何形成球狀的

遍佈大地的海水四處奔流，填滿了低窪的溝壑。由此可見，水的體積應當小於大地，否則大地就會被水淹沒（因為水和大地都因自身的重量而趨於同一中心）。為了讓生命得以存活，大地的某些部分沒有被淹沒，比如隨處可見的島嶼。而大洲乃至整塊大陸（orbis terrarum）不就是一個更大的島嶼嗎？我們

從太空看到的地球，顯示了大地和水是如何形成球狀的。

不能聽信某些逍遙學派人士的臆測，認爲水的體積要比大地大十倍。他們的根據是，當元素相互轉化時，一份土可以變成十份水。他們還斷言，大地之所以會高出水面，只是因爲大地內部存在的大量空洞使得陸地在重量上不平衡，因而幾何中心與重心不重合。他們的錯誤是由於對幾何學的無知造成的。他們不懂得，只要大地還有某些部分是乾的，水的體積就不可能比大地大七倍，除非大地完全離開其重心並把這個位置讓給水。由於球的體積與直徑的立方成正比，所以如果水與大地的體積之比爲七：一，那麼大地的直徑就不會大於水體的半徑。因此，水的體積更不可能比大地大十倍。大地的幾何中心與重心並沒有多少差別，這可以從以下事實來判定：從海洋伸展開去的陸地的凸度並不總是連續增加的，否則陸地上的水就會被全部排

光，而且內陸海和寬闊的海灣也不可能形成。此外，從海岸向外的海水深度也會持續地增加，於是遠航的水手們無論航行多遠也不會遇到島嶼、礁石或任何形式的陸地。可是我們知道，埃及海和紅海之間相距還不到兩英里，這幾乎就是大陸的正中。另一方面，托勒密在他的《宇宙誌》（*Cosmography*）一書中，把有人居住的陸地擴展到了中央圈，外面還是不為人知的地方，近代人又在這些地方加上了中國以及經度寬達 60° 的廣闊地區。由此可知，有人居住的陸地所占經度範圍已經比海洋更大了。如果再加上我們這個時代在西班牙和葡萄牙國王統治時期所發現的島嶼，特別是亞美利加（以發現它的船長命名，因其大小至今不明，被視為新大陸）以及許多聞所未聞的新島嶼，那麼我們對於對蹠點或對蹠人（腳對腳站的人）的存在就不會太過驚奇。因為幾何學使我們相信，亞美利加大陸與恆河流域的印度恰好位於直徑的兩端。

有鑑於所有這些事實，我認為大地與水顯然具有同一重心，也就是大地的幾何中心。由於大地較重，而且裂隙裏充滿了水，所以儘管水域的面積也許更大一些，但水的體積還是比大地小很多。

大地與包圍它的水結合在一起，其形狀必定與大地投下的影子相同。在月食的時候可以看到，大地的影子是一條完美的圓弧。因此大地既不是像恩培多克勒（Empedocles）和阿那齊曼納（Anaximenes）所設想的平面，也不是像留基伯（Leucippus）所設想的鼓形；既不是像赫拉克利特（Heracleitus）所設想的船形，也不是像德謨克利特（Democritus）所設想的另一種凹形；既不是像阿那克西曼德（Anaximander）所設想的柱體，也不是像色諾芬（Xenophanes）所設想的底部生根、厚度朝根部增加的一個形狀；大地的形狀正是哲學家們所理解的完美球形。

哥白尼對大地和水的描繪對於他那個時代來說是非常準確的。

29

第四章　天體的運動是均勻而永恆的圓周運動，或是由圓周
　　　　　運動複合而成

　　現在我應當指出，天體的運動是圓周運動，因為球體的運動就是沿圓周旋轉。球體正是通過這樣的動作顯示它具有最簡單物體的形狀。當它本身在同一個地方旋轉時，起點和終點既無法發現，又無法相互區分。

　　可是由於天球或軌道圓（orbital circle）[4]有多個，所以運動是多種多樣的。其中最明顯的就是周日旋轉，希臘人稱之為 νυχθήμερν，也就是晝夜更替。他們設想，除地球以外的整個宇宙都是這樣自東向西旋轉的。這種運動被視做一切運動的共同量度，因為時間本身主要就是用日來量度的。

　　其次，我們還看到了沿相反方向即自西向東的其他旋轉，日、月和五大行星都有這種運動。太陽的這種運動為我們定出了年，月亮的這種運動為我們定出了月，這些都是最為常見的時間週期。其他五大行星也都沿著各自的軌道做著類似的運動。然而，這些運動與第一種運動（即周日旋轉）又有許多不同之處。首先，它們不是繞著與第一種運動相同的兩極旋轉，而是繞著傾斜的黃道軸旋轉；其次，它們似乎並未在軌道上均勻地運動，因為日月的運行時快時慢，五大行星有時甚至還會出現逆行和停留。太陽徑直前行，行星則有時偏南、有時偏北地漫遊。正是由於這個緣故，它們被稱為「行星」。此外，這些星體有時距地球較近（這時它們位於近地點），有時距地球較遠（這時它們位於遠地點）。

　　然而儘管有這麼多不規則的情況，我還是應當承認，這些星體的運動總是圓周運動，或者是由許多圓周運動複合而成的，否則這些不均勻性就不可能遵循一定的規律定期反復。因為只有圓周運動才可能使物體回復到先前的位置。例如，太陽由圓周運動的複合可以使晝夜更替不絕，四季周而復始。這

裏還應當有許多種不同的運動，因爲一個簡單的天體不可能被單一的球帶動做不均勻的運動。之所以會存在這種不均勻性，要麼是因爲動力不穩定（無論是施動者的外在原因，還是受動者的內在原因），要麼就是因爲運行過程中物體自身的變化。而這兩種假設都不能被我們的理智所接受，因爲很難設想這種事情會出現在最完美的體系當中。因此，我們只能認爲這些星體的運動本來是均勻的，但在我們看來卻成了不均勻的，這或者是因爲其軌道圓的旋轉軸有別於地球，或者是因爲地球並不位於其軌道圓的中心。當我們在地球上觀察這些星體的運行時，它們與地球的距離並非保持不變，而光學已經表明，物體在近處看要比在遠處看位移大，所以即便行星在相同的時間裏沿軌道圓走過相同的弧段，其視運動也是不一樣的。因此，我認爲必須首先仔細考察地球與天的關係，以免我們在研究最崇高的事物的時候，會對與我們最近的事物茫然無知，並且由於同樣的錯誤，把本應屬於地球的東西歸於天體。

第五章　地球是否做圓周運動，地球的位置在何處

　　既已說明大地也呈球形，我現在應當研究一下，它的形狀是否也決定了它的運動，以及地球在宇宙中處於什麼位置，否則就不可能爲天上出現的運動提供可靠的解釋。儘管許多權威都斷定，地球位於宇宙的中心並且靜止不動，相反的觀點是不可思議的甚至是可笑的，然而如果我們認眞地研究一下，就會發現這個問題並未得到解決，因此決不能被置之一旁。無論是觀測物件運動還是觀測者運動，或者是兩者同時不一致地運動，都會使觀測物件的視位置發生變化。同方向的等速運動（我指的是相對於觀測物件和觀測者的運動）是覺察不出來的。要知道，我們是在地球上看天穹的旋轉，因此如果假定地球在運動，那麼在我們看來，地球外面的一切物體也會有程度

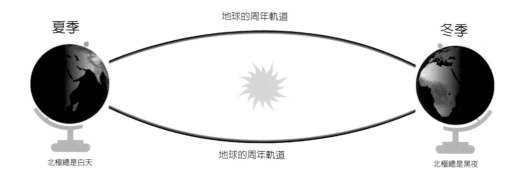

相同但方向相反的運動，就好像它們在越過地球一樣。特別要指出的是，周日旋轉就是這樣一種運動，因為除地球和它周圍的東西以外，周日運動似乎把整個宇宙都捲進去了。然而，如果你承認天穹並沒有參與這一運動，而是地球在自西向東地旋轉，那麼經過認真研究你就會發現，這才符合日月星辰出沒的實際情況。既然包容萬物的天穹為宇宙所共有，那麼立刻就有這樣一個問題：為什麼要把運動歸於包容者而不歸於被包容者？為什麼要歸之於安置者而不歸之於被安置者呢？

事實上，畢達哥拉斯學派的赫拉克利德（Herakleides）和埃克番圖斯（Ekphantus），以及敘拉古（Syracuse）的希塞塔斯（Hicetas）（據西塞羅〔Cicero〕著作記載）都持有這種觀點。他們認為，大地在宇宙中央旋轉。因為他們相信，星星沉沒是被地球本身擋住了，星星升起則是因為地球又轉開了。如果我們同意這個假設，那麼就會產生一個難題，即地球的位置在何處。迄今為止，幾乎所有人都認為地球是宇宙的中心。如果有人認為，地球並非恰好位於宇宙的中心或中央，而是離宇宙中心有一段距離，這段距離同恆星天球相比非常小，同太陽

或其他行星的軌道圓相比卻差不多；於是，他會認爲太陽和行星的運動之所以看上去不均勻，是因爲它們不是繞地心，而是繞別的中心均勻地轉動，從而也許可以爲不均勻的視運動找到合理的解釋。行星看起來時遠時近，這一事實必然說明其軌道圓的中心並非地心。至於是地球靠近它們然後離開，還是它們靠近地球然後離開，這尚不清楚。

因此，如果有人除周日旋轉以外還要賦予地球別的運動，這並不會讓人感到驚奇。事實上，據說畢達哥拉斯派學者菲洛勞斯（Philolaus）就主張，地球除圓周運動以外還參與了其他幾種運動，地球是一顆行星。據柏拉圖的傳記作者說，菲洛勞斯是卓越的數學家，柏拉圖曾經專程去義大利拜訪他。

然而，許多人以爲，他們能夠用幾何推理來證明地球是宇宙的中心，一如浩瀚無垠的天穹中的一個小點。地球作爲中心是靜止不動的，因爲當宇宙運動的時候，它的中心保持靜止，而且越靠近中心運動越慢。

對頁
哥白尼對行星環的解釋

第六章　天之大，地的尺寸無可比擬

同天穹相比，地球這個龐然大物眞顯得微不足道了，這一點可以從如下事實推出：地平圈（希臘詞爲 ορίζοντες）把天球正好分成相等的兩半。如果地球的大小或者地球到宇宙中心的距離同天穹相比非常大，那麼情況就不會是這樣。因爲一個圓要是把球分爲兩半，就勢必會通過球心，而且是在球面上所能描出的最大的圓。

設圓 *ABCD* 爲地平圈，地球上的觀測者位於點 *E*，也就是地平圈的中心。地平圈把星空分爲可見部分和不可見部分。假定我們用裝在點 *E* 的望筒、天宮儀或水準器看到，巨蟹宮的第一星在 *C* 點上升的同時，摩羯宮的第一星在 *A* 點下落，於是 *A*、*E* 和 *C* 都在穿過望筒的一條直線上。顯然，這條線是黃

道的一條直徑，因爲黃道六宮形成了一個半圓，而它的中點 *E* 就是地平圈的中心。當黃道各宮移動位置，摩羯宮第一星在 *B* 點升起時，我們可以看到巨蟹宮在 *D* 點沉沒，此時 *BED* 將是一條直線，並且爲黃道的一條直徑。但我們已經看到，*AEC* 也是同一圓周的一條直徑，因此，兩線的交點 *E* 將是圓周的中心。由此可知，地平圈總是將黃道（天球上的一個大圓）分成相等的兩半。然而在球面上，將一個大圓平分的圓必定是大圓。所以地平圈是一個大圓，圓心就是黃道的中心。儘管從地表和地心引向同一點的直線必定不同，但光學表明，當兩條線的長度同地球相比爲無限長時，兩線可視爲平行；當兩線距離同長度相比爲無限小時，則可視爲重合。

　　這一切都清楚地表明，天不知要比地大多少倍，可以說尺寸爲無限大。如果要做一個感性的判斷，那麼可以說，地與天相比不過是一顆微塵，有如茫茫滄海之一粟。但我們似乎並沒有說出更多，它還不能說明地球必然靜居於宇宙的中心。事實上，如果龐大無比的宇宙每二十四小時轉一圈，而不是它微小的一部分即地球在轉，那就更使人驚訝了。主張中心不動，最靠近中心的部分運動得最慢，這並不能說明地球靜止於宇宙中心。這跟天穹轉動而天極不動，越靠近天極的星轉動越慢是一樣的。譬如說，小熊星座（拱極星）遠比天鷹座或大犬座運轉得慢，是因爲它離極很近，描出的圓較小。由於它們同屬一球，當球旋轉時，軸上沒有運動，而球上任何部分的運動都互不相同，所以隨著整個球的轉動，儘管每一點轉回初始位置所需的時間相同，但移動的距離卻並不相同。

　　這一論證主張，地球作爲天球的一部分，也要參與天球整體的運動，儘管因爲處於中心而運動較小。但地球是一個體而不是一個中心點，在相同的時間內，它也會在天球上描出弧，只不過描出的弧較小罷了。這種論點的錯誤昭然若揭。要是果

一架十六世紀的法蘭德斯渾天儀，顯示了一個帶有七個層層相套的行星環的地心模型。

真如此，就會有的地方永遠是正午，有的地方永遠是午夜，星體的周日出沒也就不會發生，因為宇宙整體與局部的運動是統一而不可分割的。

情況各不相同的天體都受到另一種關係的支配，即軌道圓較小的星體比軌道圓較大的星體運轉得快。最遠的行星——土星——每三十年轉動一周，最靠近地球的月亮每月轉動一周，最後，地球則被認為每晝夜轉動一周。因此，這又一次對天穹周日旋轉的說法提出了質疑。此外，以上所述使得地球的位置更加難以確定，因為所證明的只是天比地大很多，但究竟大到什麼程度則是完全不清楚的。與此相反，由於不可再分的最小微粒，即所謂的「原子」，無法感知，所以如果一次取出很少的幾個，就不能構成一個可見物體；但大量原子加在一起最終是能夠達到可見尺度的。地球的位置也是一樣。雖然它不在宇宙的中心，但與恆星天球相比，這個距離是微不足道的。

第七章　為什麼古人認為地球靜居於宇宙的中心

古代哲學家試圖通過其他一些理由來證明地球靜居於宇宙的中心，他們認為輕重是最有力的證據。在他們看來，土是最重的元素，一切有重物體都要朝地球運動，趨向它的中心。

由於大地是球形的，所以重物都因自己的本性而朝著與地表垂直的方向運動。如果不是由於地面阻擋，就會一直衝向地心，因為垂直於與球面相切的平面的直線必定會穿過球心。向地心運動的物體在到達終點後必然靜止，所以整個地球都會靜止於宇宙中心。再者，由於地球包容一切落體，所以地球由於自身的重量而靜止不動。

他們試圖通過運動及其本性類似地證明自己的結論。亞里斯多德說，單個簡單物體的運動是簡單運動，簡單運動包括直線運動和圓周運動，而直線運動又分為朝上和朝下兩種。因

此，每一簡單運動不是朝向中心（即在下），就是遠離中心
（即朝上），或是環繞中心（即圓周運動）。只有土和水是重
元素，應當朝下運動，趨於中心；而輕元素氣和火則應離開中
心朝上運動。這四種元素做直線運動，天體則圍繞中心做圓周
運動，這似乎是合理的。這就是亞里斯多德所斷言的結論。因
此，亞歷山卓的托勒密曾經說過，如果地球在運動，哪怕只做
周日旋轉，也會同上述道理相違背。因為要使地球每二十四小
時就轉一整圈，這個運動必定異常劇烈，速度快到無法超越。
在急速旋轉的情況下，物體很難聚在一起，除非有某種恆常的
力把它們結合在一起，否則再堅固的東西也會飛散開去。托勒
密說，如果情況是這樣，那麼地球早就應該分崩離析，並且在
天穹中消散了，這當然是荒謬絕倫的。更有甚者，一切生命和
其他重物都不可能安然無恙。同時，自由落體既不會落到指定
地點，也不會沿直線落下。還有，雲和其他在空中漂浮的東西
也會不斷向西移動。

第八章　上述論證的不當之處以及對它們的反駁

　　根據以上所述以及諸如此類的理由，他們認爲地球必定靜居於宇宙的中心，這一點是毫無疑問的。而現在我們所說的地球運動乃是天然的而非受迫的。天然與受迫的效果是截然相反的，由外力支配的物體總會分崩離析，不能長久，而天然過程卻總能進行得很平穩，使物體保持最佳狀態。因此，托勒密擔心地球和地上的一切都會因天然旋轉而分崩離析，這是毫無根據的，地球的旋轉與源自人的技能和智慧的產物完全不同。他爲什麼不替比地球大得多而運動又快得多的宇宙擔心呢？既然極爲劇烈的運動會使天穹遠離中心，那麼天穹不就變得無比廣闊了嗎？一旦運動停止，天穹也會隨之瓦解嗎？

　　如果這種推理站得住腳，那麼天穹一定是無限大的。因爲猛烈的力量把運動往上提得越高，運動就變得越快，原因是它在二十四小時內必須轉過越來越大的距離。反過來說，運動越快，天穹也就越廣闊。於是越大就越快，越快就越大，如此推論下去，天穹的大小和速度都會變成無限大。而根據物理學的公理，無限者既不能被超越，也不能被推動，因此天穹必定是靜止的。

　　他們又說，天穹之外既沒有物體，也沒有空間，甚至連虛無也沒有，是絕對的「烏有」，因此天穹沒有向外擴張的餘地。然而，竟然有物體可以爲烏有所束縛，這豈不是咄咄怪事。假如天穹在外側沒有限制，而只是在內側爲凹面所限，那倒更有理由說明，天穹之外別無它物，因爲無論多大的物體都包含在天穹之內。天穹是靜止不動的，而天穹運動是人們推測宇宙有限的主要依據。

　　但我們還是把宇宙是否有限的問題留給自然哲學家們去探討吧，我們只是認定，地球限於兩極之間，並以一個球面爲邊界。那麼，我們爲什麼遲遲不肯承認地球具有與它的形狀天然

相適應的運動，而認為是整個宇宙（它的限度對於我們來說是未知的，也是不可能知曉的）在轉動呢？為什麼不肯承認看起來屬於天穹的周日旋轉，其實是地球運動的反映呢？正如維吉爾（Virgil）著作中的埃涅阿斯（Aeneas）所說：「我們駛出海港前行，陸地與城市退向後方。」當船隻在平靜的海面上行駛時，船員們會覺得自己與船上的東西都沒有動，而外面的一切都在運動，這其實只是反映了船本身的運動罷了。由此可以想像，當地球運動時，地球上的人也會覺得整個宇宙都在做圓周運動。那麼，我們怎樣來說明雲和空中其他漂浮物的升降呢？這是因為不僅地上的水隨地球一起運動，而且大部分空氣以及其他任何與地球有類似關係的東西也會隨著地球一起運動。這或許是因為靠近地面的空氣中含有土或水，從而遵循與地球一樣的自然法則；或是因為這部分空氣靠近地球而又不受阻力，所以從不斷旋轉著的地球那裏獲得了運動。而另一方面，同樣令人驚奇的是，他們說高空的空氣遵循天的運動，那些突然出現的星體（我指的是希臘人所說的「彗星」或「鬍鬚星」）就說明了這一點，因為它們就是在那個區域創生的。同其他星體一樣，它們也有出沒。可以認為，那部分空氣距地球太遠，因此不會再與地球一起運動。離地球最近的空氣以及漂浮在其中的東西看起來將是靜止的，除非是被風或其他運動所擾亂。空氣中的風難道不就是大海中的海流嗎？

但我們必須承認，升降物體在宇宙中的運動具有兩重性，即都是直線運動與圓周運動的複合。由於自身重量而朝下運動的土質物，無疑會保持它們所屬整體（即地球）的性質。火質物被驅往高空也是由於這個原因。地上的火主要來源於土質物，他們認為火焰只不過是熾熱的煙。火的一個性質是使它所侵入的東西膨脹，這種力量非常大，以至於無論用什麼方法或工具都無法阻止它噴發到底。膨脹運動是從中心到四周，所以

如果地球的某一部分著火了，它就會從中間往上膨脹。因此，他們說簡單物體的運動必然是簡單運動（特別是圓周運動），這是對的，但只有當這一物體保持其天然位置時才是如此。事實上，在位置不變的情況下，它只能做圓周運動，因為與靜止類似，圓周運動可以完全保持自己的原有位置；而直線運動則會使物體離開其天然位置，或者以各種方式從這個位置上移開。但物體離開原位是與宇宙的整體秩序和形式不一致的。因此，只有那些尚未處於正常狀態，並且沒有完全遵循本性而運動的物體才會做直線運動，此時它們已經與整體相分離，失去了統一性。況且，即使沒有圓周運動，上下運動的物體也不是在簡單、均勻和規則地運動。它們單憑自己的輕重是無法取得平衡的。任何落體都是開始慢而後不斷加快，而我們注意到地上的火（這是唯一可經驗到的）在上升到高處時就忽然減慢了，這說明原因就在於土質物所受到的作用。

圓周運動由於有永不衰竭的動力，所以總是均勻地運動。但直線運動的動力卻會很快停止，因為物體到達天然位置之後就不再有輕重，運動也就停止了。因此，由於圓周運動是整體的運動，而局部還可以有直線運動，所以圓周運動可以與直線運動並存，正像「活著」可以與「生病」並存一樣。亞里斯多德把簡單運動分為離中心、向中心和繞中心三種類型，這只能被當成一種邏輯訓練。正如我們雖然區分了點、線、面，但它們都不能單獨存在或脫離實體而存在。

再者，我認為靜止比變化和不穩定更高貴、更神聖，因此把變化和不穩定歸於地球要比歸於宇宙更妥當。此外，把運動歸於包容者或提供空間的東西，卻不歸於佔據空間的被包容者地球，這似乎是相當荒謬的。最後，由於行星距離地球時近時遠，所以同一顆星繞中心（他們認為是地心）的運動必定既是離中心的又是向中心的運動。因此，我們應當在更一般的意義

上來理解這種繞心運動。如果每一運動都有一固有的中心,那就足夠了。考慮到這一切,地球運動比靜止的可能性更大。對於周日旋轉來說,情況尤為如此,因為這是地球本身所固有的。我想關於問題的第一部分,就說到這裏吧。

第九章　地球是否可被賦予多種運動以及宇宙中心問題

我在前面已經說明,否認地球運動是沒有道理的,所以我們現在應當考慮,地球是否不止參與一種運動,以至於可以被看成一顆行星。行星視運動的不均勻性以及它們與地球距離的變化(這些現象是無法用以地球為中心的同心圓來解釋的)都說明,地球並不是諸行星旋轉的中心。既然有許多中心,我們就可以討論宇宙中心到底是地球的重心還是別的某一點。我個人認為,重力或重性不是別的,而是神聖的造物主注入到物體各部分中的一種天然傾向,以使其結合成為完整的球體。我們可以相信,太陽、月亮以及其他明亮的行星都有這種性質,並因此而保持球狀,儘管它們是以各不相同的方式運轉的。所以如果說地球還有別的運動,那就一定是跟其他行星類似的運動。周年轉動就屬於這些運動中的一種。如果把周年轉動從太陽換到地球,而把太陽看成是靜止的,那麼黃道各宮和恆星在清晨和晚上都會顯現出同樣的東升西落;而且行星的停留、逆行和順行都可以認為不是行星自發的,而是地球運動的反映。最後,我們將會認識到,居於宇宙中心的正是太陽。正如人們所說,只要我們睜開雙眼,正視事實,就會發現星體排列的次序以及整個宇宙的和諧都揭示了這個真理。

哥白尼時代的圓規。

第十一章　地球三重運動的證明

既然行星有如此眾多的現象支持地球的運動,我現在就來對這種運動做一概述,並進而用這一假說解釋我們所觀察到的

現象。總的說來，必須承認地球有三重運動：

第一重運動是地球自西向東繞地軸晝夜旋轉，希臘人稱之為νυχθημèρινος。由於這重運動，整個宇宙看起來像是在沿相反方向運轉。地球的這種運動描出了赤道，有些人仿效希臘人的說法ìσηέρινος把它稱為「晝夜平分圈」。

第二重運動是地心沿黃道自西向東繞太陽做周年轉動，也就是（如我已經講過的）地球和它的同伴一起沿黃道十二宮的次序（從白羊宮到金牛宮）在金星與火星之間運動。由於這重運動，太陽看起來像是在黃道上做類似的運動。例如，當地心通過摩羯宮時，太陽看起來正通過巨蟹宮；當地球在寶瓶宮時，太陽看起來正通過獅子宮，等等。

需要確認的是，赤道和地軸相對於穿過黃道各宮中心的圓以及黃道面的傾角是可變的，因為如果它是固定的，並且只受地心運動的影響，那麼就不會出現晝夜長度不等的現象了。這樣一來，在某些地方就會老是夏至或冬至，或者老是秋分或春分，或者老是夏天或冬天，或者老是一個季節。

因此需要有第三重運動，即傾角的運動。這也是一種周年轉動，但卻與地心運動的方向相反，即沿著與黃道各宮次序相反的方向（從白羊宮到雙魚宮）自東向西運行。由於這種運動與地心運動的週期幾乎相等而方向相反，這就使得地軸和地球上最大的緯度圈即赤道幾乎總是指向同一方向。與此同時，由於地球的這種運動，太陽看起來像是沿黃道在傾斜的方向上運動，就好像地心是宇宙的中心一樣。這時需要記住，與恆星天球相比，日地距離可以忽略不計。

這些事情最好用圖形而不是語言來說明。設圓 ABCD 為地心在黃道面上周年運動的軌跡，圓心附近的點 E 為太陽，用直徑 AEC 和 BED 把這個圓周四等分。設點 A 為巨蟹宮，點 B 為天秤宮，點 C 為摩羯宮，點 D 為白羊宮。假設地心原來位於點 A，

圍繞點A作地球赤道FGHI，它與黃道不在同一平面上，直徑GAI為赤道面與黃道面的交線。作直徑FAH與GAI垂直，設點F為赤道上最南的一點，點H為最北的一點。這時，地球的居民將看見靠近中心點E的太陽在冬至時位於摩羯宮，因為赤道上最北的點H朝向太陽。由於赤道與AE的傾角，周日自轉描出與赤道平行而間距為傾角EAH的南回歸線。現在令地心自西向東順行，最大傾斜點F沿相反方向轉動同樣角度，兩者都轉過一個象限到達點。在這段時間內，由於兩者運動相等，所以∠EAI始終等於∠AEB，直徑FAH和FBH、GAI和GBI，以及赤道和赤道都始終保持平行。由於已經多次提到過的理由，這些平行線在無比廣闊的天穹中可以視為相互重合。所以從天秤宮的第一點B看來，E在白羊宮，兩平面的交線（黃赤交線）為GBIE。在周日自轉中，軸線的垂直平面不會偏離這條線。相反，自轉軸將完全傾斜在側平面上。這時太陽在春分點。當地心繼續運動，走過半圈到達點C時，太陽將進入巨蟹宮。赤道上最大南傾點F現在朝向太陽，太陽看起來是在北回歸線上運動，與赤道的角距為ECF。當F繼續轉過圓周的第三象限時，交線GI再次與ED重合。這時看見太陽是在天秤宮的秋分點上。再轉下去，HF逐漸轉向太陽，於是又會回到初始點的情況。

我們也可以用另一種方式來解釋：設AEC為黃道直徑，也就是黃道面同與之垂直的平面的交線。繞點A和點C（相當於巨蟹宮和摩羯宮）分別作通過兩極的地球經度圈DGFI。設地球自轉軸為DF，北極為D，南極為F，GI為赤道的直徑。當點F轉向點E的太陽時，赤道向北的傾角為IAE，於是周日旋轉使太陽看起來沿著南回歸線運動，南回歸線直徑為KL，它與赤道的角距即太陽（在摩羯宮）到赤道的視距為LI。或者更確切地說，從AE方向看來，周日自轉描出了一個以地心為頂點、以平

地球在月亮上升起。

行於赤道的圓周爲底的錐面。在相對的點C，情況也是如此，
不過方向相反。談到這裏就很清楚了，地心與傾角這兩種彼此
相反的運動，使得地軸保持在固定的方向，並使這一切現象看
起來像是太陽的運動。

　　我已經說過，地心與傾角的周年運轉接近相等，因爲如果
它們精確相等，那麼二分點和二至點以及黃道傾角相對於恆星
天球都不會有什麼變化。但由於相差極小，所以只有隨著時間
的流逝才能顯現出來。從托勒密時代到現在，二分點歲差共計
約21°。由於這個緣故，有些人相信恆星天球也在運動，因此
設想了第九層天球。當這又不夠用時，近代人又加上了第十層
天球。然而，他們仍然無法獲得我用地球運動所得到的成果。
我將把這種運動作爲一條證明其他運動的原理和假說。

（張卜天　譯）

伽利略・伽利萊 *(1564-1642)*

生平與著作

　　一六三三年，在哥白尼去世九十年以後，義大利天文學家和數學家伽利略・伽利萊被帶到了羅馬，在宗教法庭接受異端罪的審判。指控起源於伽利略的《關於兩大世界體系的對話：托勒密體系和哥白尼體系》（*Dialogo sopra i due massimi sistemi del mondo: Tolemaico, e Copernicano*）一書的問世。在這本書中，伽利略違反一六一六年禁止傳播哥白尼學說的詔令，有力地論證了日中心體系不僅是一個假說而且是真理。審判的結果是毫無疑問的。伽利略招供說他在為哥白尼體系辯護時可能做得太過分了，儘管羅馬教廷在以前曾經警告過他。法庭中的多數紅衣主教認為他因為支持並傳授地球並非宇宙中心的想法而有強烈異端嫌疑，於是他們判決他終身監禁。

　　伽利略還被迫簽署了一份手寫的認罪書，並公開否認他的信念。他跪在地上，雙手放在《聖經》上，宣讀了拉丁文的悔過書：

　　　　我，伽利略・伽利萊，係佛羅倫斯已故的文森齊奧・伽利萊之子。現年七十歲，今親身接受了本法庭的審判。現謹跪在諸位最傑出、最尊貴的紅衣主教，全基督教社會反對異端、反對腐敗墮落的主審官們面前，面對最神聖的

福音，將雙手放於其上而發誓曰：我一直堅信，而且現在仍堅信，而且在上帝的救助下將來也堅信，神聖的天主教所主張、所宣講和所教導的一切。

我曾受到神聖教廷的告誡，必須完全放棄一種謬見，不得認為太陽是不動的宇宙中心而地球則並非宇宙中心而且是運動的。我被告誡，不得以語言、文字等任何方式來主張、捍衛或傳授該謬論，因為該謬論是和《聖經》相反的。但是我卻違反教誨，寫了並出版了一本書，書中處理了上述已被否定的謬論，並提出了對該謬論大為有利的論點而未得出任何解答。因此我受到嚴屬審訊，被判為有強烈的異端嫌疑，即被懷疑為曾經主張並相信太陽是靜止的宇宙中心，而地球則既不是宇宙中心，也不是靜止的。

然而，我既希望從各位首長和一切虔誠的教徒們心中消除此種合理地對我的強烈懷疑，現謹以誠懇之心和忠實之態在此宣稱，我詛咒並厭棄上述的謬誤和邪說，以及一切和神聖教廷相反的錯誤宗派，而且我宣誓，我將來也絕不以語言或文字來議論或支援可能給我帶來類似的嫌疑的一切事物，而且若得悉任何異端分子或有異端嫌疑之人，我必將向神聖法庭或所在地的宗教裁判官及大主教進行舉報。

我也發誓並保證，將完全接受並注意已由或將由神聖法庭加給我的一切懲罰。若有違上述此種保證和誓言（上帝恕我）中的任意一條，我願親身承受神聖教規或其他任何反對此種罪行的條令所將加給我的一切痛楚和刑罰。立誓如上，願上帝和我雙手所撫的神聖福音賜我以拯救。

我，伽利略·伽利萊，業已發誓、悔過並承諾如上，而且為表誠意，已親手簽名於此悔過書上，並已逐字宣讀一遍。一六三三年六月二十二日，於羅馬米涅瓦修道院。

伽利略·伽利萊親署

根據傳說，當伽利略站起身時，他輕輕地嘟囔說，「它還是運動著的（Eppur si muove）。」這句話征服了科學家和學者們達若干世紀之久，因爲它代表了在最嚴酷的逆境中尋求眞理的那種目的對蒙昧主義和高高在上者的有力抗辯。雖然人們曾經發現一幅一六四〇年的伽利略油畫像上題有 Eppur si muove 字樣，但是多數史學家還是認爲這個故事是虛構的。不過，從伽利略的性格來看，他還是完全可能在他的悔過書中只對教會的要求作出一些口不應心的保證，然後就回到他的科學研究中去，而不管那些研究是否符合非哥白尼的原理。歸根結柢，把伽利略帶到宗教法庭上去的是他的《關於兩大世界體系的對話》的發表，那是對教會禁止他把哥白尼關於地球繞太陽而運動的學說不僅僅作爲假說來傳授的一六一六年教會詔令的一種直接挑戰。Eppur si muove 這句話，可能並沒有結束他的審判和悔過，但它肯定加重顯示了伽利略的生活和成就。

伽利略受審。

伽利略於一五六四年二月十八日生於義大利比薩，是音樂家和數學家文森齊奧·伽利萊之子。當伽利略還很小時，他家遷到了佛羅倫斯，他在那裏開始在一個修道院中受了教育。雖然從很小的年齡伽利略就顯示了一種對數學和機械研究的愛好，他的父親卻堅持讓他進入一個更有用的領域，因此伽利略就在一五八一年進了比薩大學去學習醫學和亞里斯多德哲學。正是在比薩，伽利略的叛逆性格滋長了起來。他對醫學興趣很小或毫無興趣，於是就開始熱情地學起數學來。人們相信，當在比薩大教堂中觀察一個吊燈的擺動時，伽利略發現了擺的等時性——擺動週期和其振幅無關——半個世紀以後，他就把這種等時性應用到了一個天文鐘的建造中。

伽利略說動了他的父親，允許他不拿學位就離開大學，於是他就回到了佛羅倫斯去研究並講授數學。到了一五八六年，他就已經開始懷疑亞里斯多德的科學和哲學，而寧願重新考察

伽利略居住的佛羅倫斯，喬吉奧·
瓦薩里作。

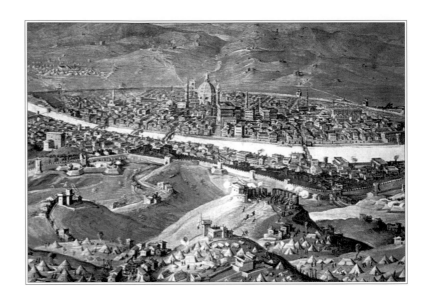

偉大數學家阿基米德的工作了；阿基米德也以發現和改進了面
積和體積的求積法而聞名。阿基米德因爲發明了許多機器而獲
得了榮譽；這些機器最後被用爲戰爭器械，例如用來向前進的
敵軍投擲石塊的巨大投石器，用來弄翻船隻的巨大起重機。伽
利略主要是受到了阿基米德的數學天才的啓示，但他也受到了
發明精神的激勵，他設計了一種水靜力學天平，用來在水中稱
量物體的重量以測定其密度。

　　一五八九年，伽利略成爲比薩大學的數學教授，他被要求
在那裏講授托勒密天文學——認爲太陽及各行星繞地球而轉動
的那種學說。正是在比薩，在二十五歲的年齡，伽利略對天文
學獲得了更深的理解，並開始和亞里斯多德及托勒密分道揚
鑣。重新發現的這一時期的講稿顯示，伽利略曾經採用了阿基
米德對運動的處理方法；特別說來，他教導說，下落物體的密
度，而不是亞里斯多德所主張的它的重量，是和它的下落速度
成正比的。據說伽利略曾從比薩斜塔的頂上扔下重量不同而密
度相同的物體，以演證他的理論。也是在比薩，伽利略寫了《論
運動》（*De motu*）一書，書中反駁了亞里斯多德關於運動的

帕多瓦大學，伽利略在那裏做出了許多發現。

理論，並爲他奠定了科學改革先驅的聲名。

在他父親於一五九二年去世以後，伽利略覺得他自己在比薩沒什麼前途。報酬是低微的，因此在他的世交圭道巴耳道·代耳·蒙特（Guidobaldo del Monte）的幫助下，伽利略被任命到威尼斯共和國的帕多瓦大學當了數學教授。伽利略在那裏聲名鵲起。他在帕多瓦停留了十八年，講授著幾何學和天文學，而且在宇宙學、光學、算術以及兩腳規在軍事工程中的應用等方面進行私人教學。一五九三年，他爲他的私人門徒們編輯了關於築城學和力學方面的著作，並發明了一種抽水機，可利用一匹馬的力量將水抽起。

一五九七年，伽利略發明了一種計算器，這被證實爲對機械工程師和軍事人員是有用的。他也開始了和約翰內斯·克卜勒的通信，克卜勒的《宇宙的奧祕》（*Mysterium cosmographicum*）一書是伽利略曾經讀過的。伽利略同情克卜勒的哥白尼式觀點，而且克卜勒也希望伽利略將公開支持日中心式地球的學說。但是伽利略的科學興趣當時仍然集中在機械理論方面，從而他並沒有滿足克卜勒的願望。也是在此期間，伽利略對一位

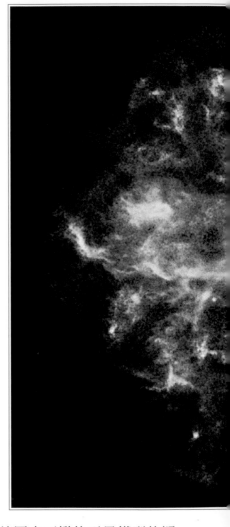

威尼斯女子瑪麗娜·伽姆巴（Marina Gamba）發展了一種個人的興趣，他和她生了一個兒子和兩個女兒，大女兒維吉尼亞（Virginia）生於一六○○年，主要通過通信而與父親保持了一種十分親密的關係，因為她那短促的成年歲月大部分是在一個修道院中度過的，其法名為瑪麗亞·塞萊斯蒂（Maria Celeste），以表示她父親的興趣主要是在天際的問題上。

在十七世紀的最初幾年，伽利略用擺做了實驗並探索了它和自然加速度現象的聯繫。他也開始了關於描述落體運動的一種數學模型的工作，他通過測量球從斜面滾下不同距離所需要的時間來研究了那種運動。一六○四年，在帕多瓦上空觀察到的一顆超新星，重新喚起了對亞里斯多德固定不變的天界模型的疑問。伽利略投身到了論戰的前線，發表了多次干犯禁忌的演講，但他在出版自己的學說方面卻是猶豫不決的。一六○八年十月，一個名叫漢斯·里波爾希（Hans Lipperhey）的荷蘭人申請了一種窺視鏡的專利，該鏡可以使遠處的物件顯得較近一些。當聽到了這種發明時，伽利略就開始試圖改進它。他不久就設計了一種九倍的望遠鏡，比里波爾希的窺視鏡高出兩倍，而且在一年之內，他就製成了一架三十倍的望遠鏡。當他在一六一

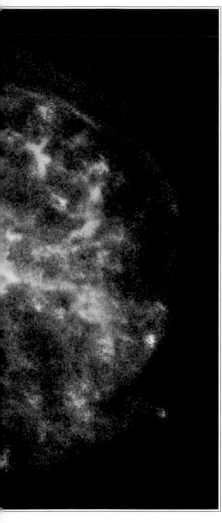

○年的一月份把望遠鏡指向天空時，天空就真正對人類敞開了。月亮不再顯現爲一個完全明亮的圓盤，卻顯現爲有山，並且充滿了缺口。通過他的望遠鏡，伽利略確定了銀河實際上是爲數甚多分離的群星。但最重要的卻是，他看到了木星的四個「月亮」，這是對許多傾向於地中心學說的人發生了巨大影響的一種發現；那些人本來主張，所有的天體都只繞地球而轉動。同年，他出版了《星使》（*Sidereus Nuncius*），他在書中宣佈了自己的發現，而此書就把他帶到了當時天文學的前鋒。他覺得不能繼續講授亞里斯多德學說，而且他的名聲使他在佛羅倫斯成了托斯卡尼大公的數學家和哲學家。

一旦從教學任務中解放出來，伽利略就能全力從事望遠鏡的研究了。他很快就觀察到了金星的各相，這就肯定了哥白尼關於行星繞日運轉的學說。他也注意到了土星的非球形狀，他認爲這種形狀起源於繞土星而轉的許多衛星，因爲他的望遠鏡還不能發現土星的環。

羅馬教廷讚賞了伽利略的這些發現，但是並不同意他對這些發現的解釋。一六一三年，伽利略出版了《關於太陽黑子的書信》（*Letters on Sunspots*），標誌了他對哥白尼的日中心宇宙體系第一次以出版物的形式進行了捍衛。這一著作立即受到

了攻擊，其他作者也受到了譴責，而神聖宗教法庭也很快注意到了。當伽利略在一六一六年發表了一種潮汐理論，而他確信這種理論就是地球運動的證明時，他被傳喚到羅馬去為他的觀點進行答辯。一個委員會發出了一份詔令，表示伽利略在作為事實來講授哥白尼體系時，他是在實行壞的科學。但是伽利略從未受到正式的判罪。和教皇保羅五世的一次會見使他相信教皇仍然尊敬他，而且他在教皇的庇護下也可以繼續講學。然而他卻受到了強烈的警告，表明哥白尼那些學說是和《聖經》背道而馳的，它們只能作為假說而被提出。

當保羅在一六二三年去世而伽利略的朋友和支持者之一紅衣主教巴爾伯里尼（Barberini）被選為教皇並更名為烏爾班八世（Urban VIII）時，伽利略認為一六一六年的詔令將被廢除。烏爾班告訴伽利略，他（烏爾班）本人將對從詔令中刪去「異端」一詞負責，而且只要伽利略作為一種假說而不是作為真理來對待哥白尼學說，他就可以隨便出書。有了這種保障，伽利略就在隨後的六年中，為寫作《關於兩大世界體系的對話》而進行了工作，而該書則終於導致了他的終身監禁。

《關於兩大世界體系的對話》採取了一個亞里斯多德及托勒密的倡導者和一個哥白尼的支持者之間的辯論的形式，雙方都試圖說服一個受過教育的普通人來信服相應的哲學。伽利略在書前聲稱支持一六一六年反對他的那份詔令，而且表示，通過書中的人物來提出各家學說，他就能避免聲明自己對任何一方的認同。儘管如此，公眾卻清楚地意識到，在《關於兩大世界體系的對話》中，伽利略是在貶抑亞里斯多德主義。在論辯中，亞里斯多德宇宙學僅僅受到了其頭腦簡單的支持者軟弱無力的辯護，而卻受到了有力而能說服人的哥白尼派的猛烈攻擊。此書得到了巨大的成功，儘管一出版就成了眾矢之的。通過用本國的義大利文而不是用拉丁文來寫作，伽利略就使此書

可以被廣泛識字的義大利人所讀懂，而不僅僅是被教會人士和學者們所讀懂。伽利略的托勒密派對手們因為他們的科學所受到的輕蔑對待而怒不可遏了。在托勒密體系的辯護者辛普里修身上，許多讀者認出了一位十六世紀的亞里斯多德闡釋者辛普里西斯的漫畫像。同時，教皇烏爾班八世則認為，辛普里修是給他本人畫的漫畫像。他感到受了伽利略的誤導，覺得他在伽利略尋求寫書的准許時，顯然忽視了把一六一六年詔令中對伽利略的限令告訴他。

到了一六三二年三月份，教會已經命令出版者停止印書，而伽利略則接到命令到羅馬去為自己辯護。伽利略聲稱患病甚重，不肯前往，但是教皇卻不肯甘休，以「鎖拿」相威脅。十一個月以後，伽利略為受審而出現在羅馬。他被迫承認哥白尼學說是異端邪說，並被判終身監禁。伽利略的終身監禁判決很快就減緩為和緩的在家居留，由他從前的學生、大主教阿斯卡尼奧‧皮考勞米尼（Ascanio Piccolomini）負責監管。皮考勞米尼允許甚至鼓勵了伽利略恢復寫作。在那裏，伽利略開始了他的最後著作──《關於兩門新科學的對話》（*Discorsi e Dimostrazioni Matematiche, intorno à due nuove scienze*），這是他在物理學中的成就的一次檢驗。但是在次年，當羅馬教廷聽到了有關這種伽利略受到皮考勞米尼的良好待遇的風聲時，他們就把伽利略搬到了位於佛羅倫斯山區的另一個地方。某些史學家相信，正是在這次轉移時，而不是在審判以後當眾認罪時，伽利略實際上說了 Eppur si muove 這句話。

這次轉移把伽利略帶到了離他女兒維吉尼亞更近的地方，但是她在患了短暫的一場病後很快就在一六三四年去世了。這一損失壓倒了伽利略，但他終於還能恢復工作來寫《關於兩門新科學的對話》，並在一年之內完成了這本書。然而，教會的審查機關「禁書目錄委員會」卻不許伽利略出版這本書，書稿

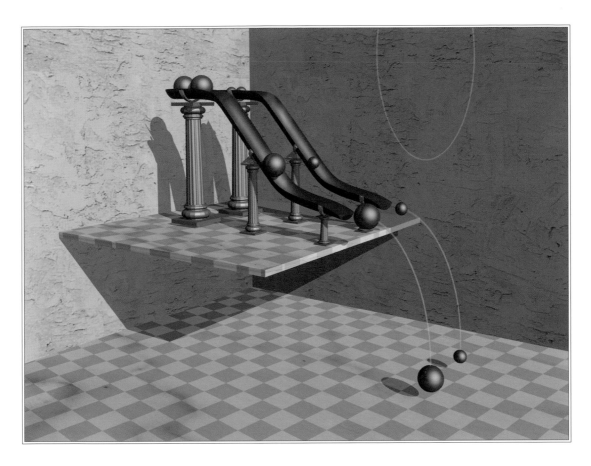

只好由一位荷蘭出版家路易‧艾耳斯維從義大利私運到北歐新
教地區的萊頓，才終於在一六三八年出版。提出了支配著落體
的加速運動定律的《關於兩門新科學的對話》一書，被廣泛地
認爲是近代物理學的基柱之一。在此書中，伽利略重溫並改進
了他以前對運動的研究，以及力學的原理。伽利略所集中注意
的兩門新科學，就是材料強度的研究（工程學的一個分支）和運
動的研究（運動學，數學的一個分支）。在書的前半部，伽利
略描述了他的加速運動中的斜面實驗。在後半部中，伽利略考
慮了很難把握的問題，即從大炮射出的炮彈的路線計算問題。
起初他曾經認爲，爲了和亞里斯多德的原理相一致，一個拋射
體將沿直線運動，直到失去了它的「原動力」（impetus），然

後就沿直線落到地上。後來觀察者們注意到，它實際上是沿彎曲路線回到地上的，但是，發生這種情況的原因，以及該曲線的確切描述，卻誰也說不上來──直到伽利略。他得出結論說，拋射體的路徑是由兩種運動確定的──由重力引起的垂直運動，它迫使拋射體下落，並由慣性原理來支配的水平運動。

伽利略演示了，這兩種獨立運動的組合就決定了拋射體的運動是沿著一條可以用數學加以描述的曲線。他用了一個表面塗有墨水的青銅球來證實這一點。銅球從一個斜面上滾到桌子上，然後就從桌子邊上自由下落到地板上。塗有墨水的球在它所落到的一點留下一個痕跡，該點永遠距桌沿有一個距離。這樣，伽利略就證明了球在被重力拉著垂直下降時，仍將繼續以一個恆定速度而水平地前進。他發現這個水平距離是按所用時間的平方而增加的。曲線得到了一種準確的數學形象，古希臘人曾稱之為 parabola（後人稱之為「拋物線」）。

《關於兩門新科學的對話》對物理學的貢獻是如此之大，以致長期以來學者們就主張此書開了伊薩克・牛頓的運動定律的先河。然而，當此書出版時，伽利略已經雙目失明了。他在阿切特里度過了自己的餘年，並於一六四二年一月八日在該地逝世。伽利略對人類的貢獻從來沒有被低估。當阿爾伯特・愛因斯坦論及伽利略時，他是認識到這一點的。他寫道：「純粹用邏輯手段得到的陳述，對實在而言是完全空虛的。因為伽利略明白這一點，特別是因為他在科學界反覆鼓吹了這一點，所以他就是近代物理學之父──事實上是近代科學之父。」

一九七九年，教皇若望保祿二世說，羅馬教廷可能錯判了伽利略，於是他就專門成立了一個委員會來重理此案。四年以後，委員會報告說伽利略當年不應該被判罪，而教廷就發表了與此案有關的所有文件。一九九二年，教皇批准了委員會的結論。

伽利略的望遠鏡，那本記載本卷內容的書，太陽系儀上的木星衛星以及遠處的木星。

關 於 兩 門 新 科 學 的 對 話

第一天

對話人：薩耳維亞蒂（簡稱「薩耳」）
　　　　薩格利多（簡稱「薩格」）
　　　　辛普里修（簡稱「辛普」）

　　薩耳：以木頭爲例，我們可以看到它燃燒成火和光，但是我們卻看不到火和光重新結合起來而形成木頭；我們看到果實、花朵以及其他千萬種固體大部分解體爲氣味，但是我們卻看不到這些散亂的原子聚集到一起而形成芳香的固體。但是，在感

官欺騙了我們的地方，理智必然出來幫忙，因為它將使我們能
夠理解在極其稀薄而輕微的物質凝縮中所涉及的運動，正如理
解在固體的膨脹和分解中所涉及的運動一樣的清楚。此外，我
們也要試著發現怎樣就能在可以發生脹縮的物體中造成膨脹和
收縮，而並不引用真空，也不放棄物質的不可穿透性；但是這
並不排除存在一些物質的可能性，那些物質並不具備這一類
質，從而並不會引起你們稱之為「不妥當」或「不可能」的那
些後果。而且最後，辛普里修，為了照顧你的哲學，我曾經費
了心力來找出關於膨脹和收縮可以怎樣發生的一種解釋，而並
不要求我們承認物質的可穿透性，也不必引用真空，那些性質
都是你所否認的和不喜歡的；假若你欣賞它們，我將不會如此
起勁地反對你。現在，或是承認這些困難，或是接受我的觀點，
或是提出些更好的觀點吧。

薩格：我在否認物質的可穿透性方面相當同意逍遙派哲學
家們。至於真空，我很想聽到對亞里斯多德論證的一種全面的
討論；在他的論證中，亞里斯多德反對了真空，我想聽聽你，
薩耳維亞蒂，在答覆時有些什麼話要說。我請求你，辛普里修，
請告訴我們那位哲學家的確切證明，而你，薩耳維亞蒂，請告
訴我們你的答辯。

辛普：就我所能記憶的來說，亞里斯多德猛烈反對了一種
古代觀點，即認為真空是運動的必要先決條件，即沒有真空就
不可能發生運動。和這種觀點相反，亞里斯多德論證了，正如
我們即將看到的那樣，恰恰是運動現象使得真空的概念成為站
不住腳的了。他的方法是把論證分成兩部分。他首先假設重量
不同的物體在同一種媒質中運動，然後又假設同一個物體在不
同的媒質中運動。在第一種事例中，他假設重量不同的物體在
同一種媒質中以不同的速率而運動，各速率之比等於它們的重
量之比；例如，一個重量為另一物體重量之十倍的物體，將運

韋伯太空望遠鏡已於二〇一一年取代哈伯望遠鏡

伽利略的所有工作都被目前正在創造的未來所證實。哈伯望遠鏡的重量超過一噸,而新的韋伯太空望遠鏡將由若干個六米長的輕的六邊形分鏡組成,它將比哈伯望遠鏡強大10到100倍。

動得像另一物體的十倍那樣快。在第二種事例中，他假設在不同媒質中運動的同一個物體的速率，反比於那些媒質的密度；例如，假如水的密度為空氣密度的十倍，則物體在空氣中的速率將是它在水中的速率的十倍。根據這第二條假設，他證明，既然真空的稀薄性和充以無論多稀薄的物質的媒質的稀薄性相差無限多倍，在某時在一個非真空中運動了一段距離的任何物體，都應該即時地通過一個真空；然而即時運動是不可能的，因此一個真空由運動而造成也是不可能的。

薩耳：你們看到，這種論證是 ad hominem（有成見的），就是說，它是指向那些認為真空是運動之先決條件的人的。現在，如果我承認這種論證是結論性的，並且也同意運動不能在真空中發生，則被絕對地而並不涉及運動地考慮了的真空假設並不能因此而被推翻。但是，為了告訴你們古人的回答有可能是什麼樣的，也為了更好地理解亞里斯多德的論證到底有多可靠，我的看法是咱們可以否認他那兩條假設。關於第一條，我大大懷疑亞里斯多德曾否用實驗來驗證過一件事是不是真的；那就是，兩塊石頭，一塊的重量為另一塊的重量的十倍，如果讓它們在同一個時刻從一個高度落下，例如從 100 腕尺高處落下，它們的速率會如此地不同，以致當較重的石頭已經落地時另一塊石頭還下落得不超過 10 腕尺。

辛普：他的說法似乎他曾經做過實驗，因為他說：「我們看到較重的……」喏，「看到」一詞表明他曾經做了實驗。

薩格：但是，辛普里修，做過實驗的我可以向你保證，一個重約一二百磅或更重一些的炮彈不會比一個重不到半磅的步槍子彈超前一手掌落地，如果它們兩個同時從 200 腕尺高處落下的話。

薩耳：但是甚至不必進一步做實驗，就能利用簡短而肯定的論證來證明，一個較重的物體並不會比一個較輕的物體運動

據推測，伽利略從比薩斜塔上釋放了不同尺寸和重量的球體，以檢驗它們是否以同樣速度下落。

得更快，如果它們是用相同的材料做成的，或者總而言之是亞里斯多德所談到的那種物體的話。但是，辛普里修，請告訴我，你是不是承認每一個下落的物體都得到一個由大自然確定的有限速率，而這是一個除非使用力（violenza）或阻力就不可能增大或減小的速度呢？

辛普：毫無疑問，當同一個物體在單獨一種媒質中運動時有一個由大自然決定的確定速度，而且這個速度除非加以動量

（impeto）就不會增大，而且除非受到阻力的阻滯也不會減小。

薩耳：那麼，如果我們取兩個物體，它們的自然速度不相同，很顯然，當把這兩個物體結合在一起時，較快的那個物體就會部分地受到較慢物體的阻滯，而較慢的物體就會在一定程度上受到較快物體的促進。你同意不同意我這個見解呢？

辛普：你無疑是對的。

薩耳：如果這是對的，而且如果一塊大石頭以譬如一個速率8而運動，而一塊較小的石頭以一個速率4而運動，那麼，當它們被連接在一起時，體系就將以一個小於8的速率而運動；但是當兩塊石頭被綁在一起時，那就成為一塊比以前以速率8而運動的石頭更大的石頭。這個更重的物體就是以一個比較輕物體的速率更小的速率而運動的，這是一個和你的假設相反的效果。於是，你看，從你那個認為較重物體比較輕物體運動得更快的假設，我怎樣都能推斷較重物體運動得較慢。

辛普：我完全迷糊了。因為在我看來，當輕小的石頭被加在較大的石頭上時就增加了它的重量，而通過增加重量，我卻看不出怎麼不會增大它的速率，或者，起碼不會減小它的速率。

薩耳：在這裏，辛普里修，你又錯了，因為說較小的石頭增大較大石頭的重量是不對的。

辛普：真的，這我就完全不懂了。

薩耳：當我指出你正在它下面掙扎的那個錯誤時，你不會不懂的。請注意，必須分辨運動的重物體和靜止的同一物體。放在天平上的一塊大石頭，不僅在有另一塊石頭放在它上面時會獲得附加的重量，而且即使當放上一把麻絲時，它的重量也會增大6兩或10兩，就看你放上的麻絲多少而定。但是，如果你把麻絲綁在石頭上並讓它從某一高度處自由落下，你是相信

那麻絲將向下壓那石頭而使它的運動加速呢，還是認為運動會被一個向上的分壓力所減慢呢？當一個人阻止他肩上的重物運動時，他永遠會感受到肩上的壓力；但是，如果他和重物同樣快地下落，那重物怎麼能壓他呢？難道你看不出來嗎？這就像你試圖用長矛刺一個人，而他正在用一個速率跑開一樣；如果他的速率和你追他的速率一樣甚至更大，你怎能刺得到他呢？因此你必須得出結論說，在自由的和自然的下落中，小石頭並不壓那大石頭，從而並不會像在靜止時那樣增加大石頭的重量。

伽利略的望遠鏡。

辛普：但是，如果我們把較大的石頭放在較小的石頭上面，那又怎麼樣呢？

薩耳：小石頭的重量將會增大，如果較大的石頭運動得更快的話；但是我們已經得到結論說，當小石頭運動得較慢時，它就在一定程度上阻滯那較大石頭的速率，於是，作為比兩塊石頭中較大的一塊更重的物體，兩塊石頭的組合體就將運動得較慢，這是和你的假設相反的一個結論。因此我們推斷，大物體和小物體將以相同的速率而運動，如果它們的比重相同的話。

辛普：你的討論實在令人讚歎，但是我仍然覺得很難相信一個小彈丸會和一個大炮彈同樣快地下落。

薩耳：為什麼不說一個沙粒和一扇石磨同樣快地下落？但是，辛普里修，我相信你不會學別的許多人的樣兒，他們曲解我的討論，拋開它的主旨而緊緊抓住我的言論中那些毫無真理的部分，並用這種秋毫之末般的疏忽來掩蓋另一個纜繩般的錯誤。亞里斯多德說：「100磅重的鐵球從100腕尺的高處落下，當1磅的球還未下落1腕尺時就會到達地面。」我說，它們將同時落地。你們根據實驗，發現大球比小球超前二指。就是說，當大球已經落地時，小球離地還有二指的寬度。現在你們不會

用這二指來掩蓋亞里斯多德的99腕尺了，也不會只提到我的小誤差而對亞里斯多德的大錯誤默不作聲了。亞里斯多德宣稱，重量不同的物體在相同的媒質中將以正比於它們的重量的速率而運動（只要它們的運動是依賴於重力的）。他用一些物體來演示了這一點，在那些物體中有可能覺察純粹的和不摻假的重力效應，而消去了另外一些考慮，例如重要性很小的（minimi momenti）數字，大大依賴於只改變重力效應的媒質的那些影

響。例如我們觀察到，在一切物質中密度為最大的金，當被打製成很薄的片時，將在空氣中飄動，同樣的事情也發生在石頭上，當它被磨成很細的粉時。但是，如果你願意保留普遍的比例關係，你就必須證明，同樣的速率比在一切重物的事例中都是得到保持的，而一塊20磅重的石頭將十倍於2磅重的石頭那樣快地運動。但是我宣稱，這是不對的，而且，如果它們從50腕尺或100腕尺的高處落下，它們將在同一時刻到地。

辛普：假如下落不是從幾腕尺的高處而是從幾千腕尺的高處開始的，結果也許不同。

薩耳：假如這是亞里斯多德的意思，你就可以讓他承擔另一個可以成為謬誤的差錯；因為，既然世界上沒有那樣一個可供應用的純粹高度，亞里斯多德顯然就沒有做過那樣的實驗，而正如我們所看到的那樣，當他談到那樣一種效應時，他卻願意給我們一種印象，就像他已經做過那實驗似的。

辛普：事實上，亞里斯多德沒有應用這一原理，他用的是另一原理，而我相信，那原理並不受同一些困難的影響。

薩耳：但是這一原理和另一原理同樣地不對，而且我很吃驚，你本人並沒有看出毛病，而且你也沒有覺察到那種說法是不對的；就是說，在密度不同和阻力不同的媒質，例如水和空氣中，同一個物體在空氣中比在水中運動得要快，其比例是空氣密度和水密度之比。假如這種說法是對的，那就可以推知，在空氣中會下落的任何物體，在水中也必下落。但是這一結論是不對的，因為許多物體是會在空氣中下降的，但是在水中不僅不下降而且還會上升。

辛普：我不明白你這種討論的必要性；除此以外，我願意說，亞里斯多德只討論了那些在兩種媒質中都下降的物體，而不是那些在空氣中下降而在水中卻上升的物體。

薩耳：你為哲學家提出的這些論證是他本人肯定避免的，

對頁
一位太空人在接近真空的月球上釋放了一個鉛球和一根羽毛，二者以同樣速度下落。

以便不會使他的第一個錯誤更加糟糕。但是現在請告訴我，水或不管什麼阻滯運動的東西的密度（corpulenza）是不是和阻滯較小的空氣的密度有一個確定的比值呢？如果是的，請你隨便定一個值。

辛普：這樣一個比值確實存在；讓我們假設它是 10；於是，對於一個在兩種媒質中都下降的物體來說，它在水中的速率將是它在空氣中的速率的十分之一。

薩耳：我現在考慮一個在空氣中下降但在水中並不下降的物體，譬如說一個木球，而且我請你隨你高興給它指定一個在空氣中下降的速率。

辛普：讓我們假設它運動的速率是20。

薩耳：很好。那麼就很清楚，這一速率和某一較小速率之比等於水的密度和空氣的密度之比；而且這個較小的速率是2。於是，實實在在，如果我們確切地遵循亞里斯多德的假設，我們就應該推斷，在比水阻滯性差十倍的物質，即空氣中，將會以一個速率20而下降的木球，在水中將以一個速率2而下降，而不是像實際上那樣從水底浮上水面；除非你或許會願意回答說（但我不相信你會那樣），木球在水中的升起是和它的下降一樣以一個速率2而進行的。但是，既然木球並不沉到水底，我想你和我都同意，認為我們可以找到一個不是用木頭而是用另一種其他材料製成的球，它確實會在水中以一個速率2而下降。

辛普：毫無疑問我們能，但那想必是一種比木頭重得多的材料。

薩耳：正是如此。但是如果這第二個球在水中以一個速率2而下降，它在空氣中下降的速率將是什麼呢？如果你堅持亞里斯多德的法則，你將回答說它在空氣中將以速率20而運動；但是20是你自己已經指定給木球的速率，由此可見，木球和另

一個更重的球將以相同的速率通過空氣而運動。但是現在哲學家怎樣把這一結果和他的另一結果調和起來呢？那另一結果就是，重量不同的物體以不同的速率通過同一媒質而運動——各該速率正比於各該物體的重量。但是，且不必更深入地進入這種問題，這些平常而又顯然的性質是怎樣逃過了你的注意的呢？你沒有觀察過兩個物體在水中落下，一個的速率是另一個的速率的一百倍，而它們在空氣中下落的速率卻那樣地接近相等，以致一個物體不會超前另一個物體到百分之一嗎？例如，用大理石製成的卵形體將以雞蛋速率之一百倍的速率而在水中下降，但是在空氣中從20腕尺的高處下降時二者到地的先後會相差不到一指。簡短地說，在水中用三個小時下沉10腕尺的一個重物，將只用一兩次脈搏的時間在空氣中走過10腕尺；而且如果該重物是一個鉛球，它就很容易在水中下沉10腕尺，所用的時間還不到在空氣中下降同一距離所用時間的二倍。而且在這裏，我敢肯定，辛普里修，你找不到不同意或反對的任何依據。因此，我們的結論是，論證的主旨並不在於反對眞空的存在；但它如果是的，它也將只把範圍相當大的眞空反對掉；那種眞空，不論是我，還是我相信也有古人，都不相信在自然界是存在的，儘管它們或許可能用強力來造成，正如可以從各式各樣的實驗猜到的那樣；那些實驗的描述將占太多的時間。

　　薩格：注意到辛普里修的沈默，我願意借此機會說幾句話。既然你已經清楚地論證了重量不同的物體並不是以正比於其重量的速度而在同一種媒質中運動，而是全都以相同的速率運動的，這時的理解當然是，各物體都用相同的材料製成，或者至少具有相同的比重，而肯定不是具有不同的比重，因為我幾乎不認爲你會要我們相信一個軟木球和一個鉛球以相同的速率而運動；而且，既然你已經清楚地論證了通過阻力不同的媒質而運動著的同一個物體並不會獲得反比於阻力的速率，我就很

好奇地想知道在這些事例中實際上觀察到的比值是什麼。

———————

現在我們來考慮關於擺的其他問題；這是一個在許多人看來都極其乏味的課題，特別是在那些不斷致力於大自然的更深奧問題的哲學家們看來，儘管如此，這卻是我並不輕視的一個問題。我受到了亞里斯多德的榜樣的鼓舞，我特別讚賞他，因為他做到了討論他認為在任何程度上都值得考慮的每一個課題。

在你們的提問下，我可以向你們提出我的一些關於音樂問題的想法。這是一個輝煌的課題，有那麼多傑出的人物曾經在這方面寫作過，其中包括亞里斯多德本人，他曾經討論過許多有趣的聲學問題。因此，如果我在某些容易而可理解的實驗的基礎上來解釋聲音領域中的一些可驚異的現象，我相信是會得到你們的允許的。

薩格：我將不僅是感謝地而且是熱切地迎接這些討論。因為，雖然我在每一種樂器上都得到喜悅，而且也曾對和聲學相當注意，但是我卻從來沒能充分理解為什麼某些音調的組合比另一些組合更加悅耳，或者說，為什麼某些組合不但不悅耳而且竟會高度地刺耳。其次，還有那個老問題，就是說，調好了音的兩根弦，當一根被弄響時，另一根就開始振動並發出自己的音；而且我也不理解和聲學中的不同比率（forme delle consonanze），以及一些別的細節。

薩耳：讓我們看看能不能從擺得出所有這些困難的一種滿意的解答。首先，關於同一個擺是否果真在確切相同的時間內完成它的一切大的、中等的和小的振動，我將根據我已經從我們的院士先生那裏聽到的闡述來進行回答。他曾經清楚地證明，沿一切弦的下降時間是相同的，不論弦所張的弧是什麼，無論是沿一個180°的弧（即整個直徑）還是沿一個100°、60°、

運動中的鐘擺。

10°、2°、1/2°或4'的弧。這裏的理解當然是,這些弧全都終
止在圓和水平面相切的那個最低點上。如果現在我們考慮不是
沿它們的弦而是沿弧的下降,那麼,如果這些弧不超過90°,
則實驗表明,它們都是在相等的時間內被走過的;但是,對弦
來說,這些時間都比對弧來說的時間要大;這是一種很驚人的
效應,因為初看起來人們會認為恰恰相反的情況才應該是成立
的。因為,既然兩種運動的終點是相同的,而且兩點間的直線
是它們之間最短的距離,看來似乎合理的就是,沿著這條直線
的運動應該在最短的時間內完成,然而情況卻不是這樣,因為
最短的時間(從而也就是最快的運動)是用在以這一直線為弦
的弧上的。

至於用長度不同的線掛著的那些物體的振動時間,它們彼
此之間的比值是等於線長的平方根的比值;或者,也可以說,
線長之比等於時間平方之比;因此,如果想使一個擺的振動時
間等於另一個擺的振動時間的二倍,就必須把那個擺的長度做
成另一個擺的長度的四倍。同樣,如果一個擺的懸線長度是另
一個擺的懸線長度的九倍,則第一個擺每振動一次,第二個擺
就會振動三次;由此即得,各擺的懸線長度之比等於它們在相
同時間之內的振動次數的反比。

　　薩格:那麼,如果我對你的說法理解得正確的話,我就很
容易量出一條繩子的長度,它的上端固定在任何高處的一個點
上,即使那個點是看不到的,而我只能看到它的下端。因為,
我可以在這條繩子的下端固定上一個頗重的物體,並讓它來回
振動起來,如果我請一位朋友數一數它的振動次數,而我則在
同一時段內數一數長度正好為1腕尺的一個擺的振動次數,然
後知道了每一個擺在同一時段所完成的振動次數,就可以確定
那根繩子的長度了。例如,假設我的朋友在一段時間內數了20
次那條長繩的振動,而我在相同的時間內數了那條恰好1腕尺

長的繩子的240次振動。取這兩數即20和240的平方，即400和57600，於是我說，長繩共包含57600個單位，用該單位來量我的擺，將得400。既然我的擺長正好是1腕尺，將用400去除57600，於是就得到144。因此我就說那繩共長144腕尺。

伽利略擺鐘的版畫。伽利略把他關於單擺的研究用於實際設計。

薩耳：你的誤差不會超過一個手掌的寬度，特別是如果你們數了許多次振動的話。

薩格：當你從如此平常乃至不值一笑的現象推出一些不僅驚人而新穎，並且常常和我們將會想像的東西相去甚遠的事實時，你多次給了我讚賞大自然之富饒和充實的機會。我曾經千次地觀察過振動，特別是在教堂中；那裏有許多掛在長繩上的燈，曾經不經意地被弄得動起來；但是我從這些振動能推斷的，最多不過是，那些認爲這些振動由媒質來保持的人或許是高度不可能的。因爲，如果那樣，空氣就必須具有很大的判斷力，而且除了通過完全有規律地把一個懸掛的物體推得來回運動來作爲消遣以外幾乎就無事可做。但是我從來不曾夢到能夠知道，同一個物體，當用一根100腕尺長的繩子掛起來並向旁邊拉了一個90°的乃至1°或1/2°的弧時，將會利用同一時間來經過這些弧中的最小的弧或最大的弧；而且事實上，這仍然使我覺得是不太可能的。現在我正在等著，想聽聽這些相同的簡單現象如何可以給那些聲學問題提供解——這種解至少將是部分地令人滿意的。

薩耳：首先必須觀察到，每一個擺都有它自己的振動時間；這時間是那樣確切而肯定，以致不可能使它以不同於大自然給予它的週期（altro periodo）的任何其他週期來振動。因爲，隨便找一個人，請他拿住繫了重物的那根繩子並使他無論用什麼方法來試著增大或減小它的振動頻率（frequenza），那都將是白費工夫的。另一方面，卻可通過簡單的打擊來把運動傳給一個即使是很重的處於靜止的擺；按照和擺的頻率相同的

頻率來重複這種打擊，可以傳給它以頗大的運動。假設通過第一次推動，我們已經使擺從豎直位置移開了，譬如說移開了半英寸；然後，當擺已經返回並且正要開始第二次移動時，我們再加上第二次推動，這樣我們就將傳入更多的運動；其他的推動依此進行，只要使用的時刻合適，而不是當擺正在向我們運動過來時就推它（因為那將消減而不是增長它的運動）。用許多次衝擊（impulsi）繼續這樣做，我們就可以傳給擺以頗大的動量（impeto），以致要使它停下來就需要比單獨一次衝擊更大的衝擊（forza）。

薩格：甚至當還是一個孩子時我就看到過，單獨一個人通過在適當的時刻使用那些衝擊，就能夠大大地撞響一個鐘，以致當四個乃至六個人抓住繩子想讓它停下來時，他們都被它從地上帶了起來，他們幾個人一起，竟不能抵消單獨一個人通過用適當的拉動所給予它的動量。

薩耳：你的例證把我的意思表示得很清楚，而且也很適宜於，正如我才說的一樣，用來解釋七弦琴（cetera）或鍵琴（cimbalo）上那些弦的奇妙現象；那就是這樣一個事實，一根振動的弦將使另外一根弦運動起來並發出聲音，不但當後者處於和弦時是如此，甚至當後者和前者差八度音或五度音時也是如此。受到打擊的一根弦開始振動，並且將繼續振動，只要音調合適（risonanza），這些振動使靠近它的周圍的空氣振動並顫動起來；然後，空氣中的這些波紋就擴展到空間中並且不但觸動同一樂器上所有的弦，而且甚至也觸動鄰近的樂器上的那些弦。既然和被打擊的弦調成了和聲的那條弦是能夠以相同頻率振動的，那它在第一次衝擊時就獲得一種微小的振動；當接受到二次、三次、二十次或更多次按適當的間隔傳來的衝擊以後，它最後就會積累起一種振顫的運動，和受到敲擊的那條弦的運動相等，正如它們的振動的振幅相等所清楚地顯示的那

水中的音叉，顯示了聲音振動的力。

樣。這種振動通過空氣而擴展開來，並且不但使一些弦振動起來，而且也會使偶然和被敲擊的弦具有相同週期的任何其他物體也振動起來。因此，如果我們在樂器上貼一些鬃毛或其他柔軟的物體，我們就會看到，當一部鍵琴奏響時，只有那些和被敲響的弦具有相同的週期的鬃毛才會回應，其餘的鬃毛並不隨這條弦而振動，而前一些鬃毛也不對任何別的音調有所回應。

如果用弓子相當強烈地拉響中提琴的低音弦，並把一個和此弦具有相同音調（tuono）的薄玻璃高腳杯拿到提琴附近，那個杯子就會振動而發出可以聽到的聲音。媒質的振動廣闊地分佈在發聲物體的周圍，這一點可以用一個事實來表明。一杯水，可以僅僅通過指尖摩擦杯沿而發出聲音，因為在這杯水中產生了一系列規則的波動。同一現象可以更好地觀察，其方法是把一隻高腳杯的底座固定在一個頗大的水容器的底上，水面幾乎達到杯沿；這時，如果我們像前面說的那樣用手指的摩擦使高腳杯發聲，我們就看到波紋極具規則地迅速在杯旁向遠方傳去。我經常指出過，當這樣弄響一個幾乎盛滿了水的頗大的玻璃杯時，起初波紋是排列得十分規則的，而當就像有時出現的那樣玻璃杯的聲調跳離了八度時，我就曾經注意到，就在那一時刻，從前的每一條波紋都分成了兩條，這一現象清楚地表明，一個八度音（forma dell' ottava）中所涉及的比率是2。

薩格：我曾經不止一次地觀察到同樣的事情，這使我十分高興而獲益匪淺。在很長的一段時間內，我曾經對這些不同的和聲感到迷惑，因為迄今為止由那些在音樂方面很有學問的人們給出的解釋使我覺得不夠確定。他們告訴我們說，全聲域，即八度音，所涉及的比率是2，而半聲域，即五度音，所涉及的比率是3：2，等等；因為使一個單弦測程器上的開弦發聲，然後把一個琴馬放在中間而使一半長度的弦發聲，就能聽到八度音；而如果琴馬被放在弦長的1/3處，那麼，當首先彈響開弦

然後彈響2/3長度的弦時，就聽到五度音；因為如此，他們就說，八度音依賴於一個比率2：1（contenuta tra'l due e l'uno），而五度音則依賴於比率3：2。這種解釋使我覺得並不足以確定2和2/3作為八度音和五度音的自然比率，而我這種想法的理由如下：使一條弦的音調變高的方法共有三種，那就是使它變短、把它拉緊和把它弄細。如果弦的張力和粗細保持不變，人們通過把它減短到1/2的長度就能得到八度音；也就是說，首先要彈響開弦，其次彈響一半長度的弦。但是，如果長度和粗細保持不變，而試圖通過拉緊來產生八度音，卻會發現把拉伸砝碼只增加一倍是不夠的，必須增大成原值的四倍；因此，如果基音是用1磅的重量得到的，則八度泛音必須用4磅的砝碼來得到。

　　最後，如果長度和張力保持不變，而改變弦的粗細，則將發現，為了得到八度音，弦的粗細必須減小為發出基音的弦的粗細的1/4。而且我已經說過的關於八度音的話，就是說，從弦的張力和粗細得出的比率，是從長度得出的比率的平方，這種說法對於其他的音程（intervalli musici）也同樣好地適用。例如，如果想通過改變長度來得到五度音，就發現長度比必須是2/3，換句話說，首先彈響開弦，然後彈響長度為原長的2/3的弦；但是，若想通過弦的拉緊或減細來得到相同的結果，那就必須用3/2的平方，也就是要取9/4（dupla sesquiquarta）；因此，如果基音需要一個4磅的砝碼，則較高的音將不是由6磅的而是由9磅的砝碼來引發；同樣的規律對粗細也適用；發出基音的弦比發出五度音的弦要粗，其比率為9：4。

　　注意到這些事實，我看个出那些明智的哲學家們為什麼取2而不取4作為八度音的比率，或者在五度音的事例中他們為什麼應用比率3/2而不用9/4的任何理由。既然由於頻率太高而不可能數出一條發音弦的振動次數，我將一直懷疑一條發出高八

度音的弦的振動次數是不是為發出基音弦的振動次數的兩倍，假若不是有了下列事實的話：在音調跳高八度的那一時刻，永遠伴隨著振動玻璃杯的波紋分成了更密的波紋，其波長恰好是原波長的1/2。

　　薩耳：這是一個很美的實驗，使我們能夠一個一個地分辨出由物體的振動所引發的波；這種波在空氣中擴展開來，把一種刺激帶到耳鼓上，而我們的意識就把這種刺激翻譯成聲音。但是，既然這種波只有當手指繼續摩擦玻璃杯時才在水中持續存在，而且即使在那時也不是恆定不變的而是不斷地在形成和消逝中，那麼，如果有人能夠得出一種波，使它長時間地，乃至經年累月地持續存在，以便我們很容易測量它們和計數它們，那豈不是一件好事嗎？

　　薩格：我向你保證，這樣一種發明將使我大為讚賞。

　　薩耳：這種辦法是我偶然發現的，我的作用只是觀察它並賞識它在確證某一事情方面的價值，關於那件事情我曾經付出了深刻的思考；不過，就其本身來看，這種辦法是相當平常的。當我用一個銳利的鐵鑿子刮一塊黃銅片以除去上面的一些斑點並且讓鑿子在那上面活動得相當快時，我在多次的刮削中有一兩次聽到銅片發出了相當強烈而清楚的尖嘯聲；當更仔細地看看那銅片時，我注意到了長長的一排細條紋，彼此平行而等距地排列著。用鑿子一次又一次地再刮下去，我注意到，只有當銅片發出嘶嘶的聲音時，它上面才能留下任何記號；當刮削並不引起摩擦聲時，就連一點記號的痕跡也沒有。多次重複這種玩法並且使鑿子運動得時而快，時而慢，嘯聲的調子也相應地時而高，時而低。我也注意到，當聲調較高時，得出的記號就排得較密，而當音調降低時，記號就相隔較遠。我也注意到，在一次刮削中，當鑿子在結尾處運動得較快時，響聲也變得更尖，而條紋也靠得更近，但永遠是以那樣一種方式發出變化，

使得各條紋仍然是清晰而等距的。此外，我也注意到每當刮削造成嘶聲時，我就覺得鑿子在我的掌握中發抖，而一種顫動就傳遍我的手。總而言之，我們在鑿子的事例中所看到和聽到的，恰好就是在一種耳語繼之以高聲的事例中所看到和聽到的東西。因為，當氣體被發出而並不造成聲音時，我們不論在氣管中還是在嘴中都並不感受到任何運動，這和當發出聲音時特別是發出低而強的聲音時，我們的喉頭和氣管上部的感受是不相同的。

有幾次我也曾經觀察到，鍵琴上有兩條弦和上述那種由刮削而產生的兩個音相合，而在那些音調相差較多的音中，我也找到了兩條弦是恰好隔了一個完美的五度音的音程的。通過測量由這兩種刮削所引起的各波紋之間的距離，我也發現包含了一個音的四十五條波紋的距離上包含了另一個音的三十條波紋，二者之間正好是指定給五度音的那個比率。

但是，現在，在進一步討論下去以前，我願意喚起你們注意這樣一個事實：在那調高音調的三種方法中，你稱之為把弦調「細」的那一種應該是指弦的重量。只要弦的質料不變，粗細和輕重就是按相同的比率而變的。例如，在腸弦的事例中，通過把一根弦的粗細做成另一根弦的粗細的四倍，我們就得到了八度音。同樣，在黃銅弦的事例中，一根弦的粗細也必須是另一根弦的粗細的四倍。但是，如果我們現在想用銅弦來得到一根腸弦的八度音，我們就必須把它做得不是粗細為四倍，而是重量為腸弦重量的四倍。因此，在粗細方面，金屬弦並不是粗細為腸弦的四倍而是重量為腸弦的四倍。因此，金屬絲甚至可能比腸弦還要細一些，儘管後者所發的是較高的音。由此可見，如果有兩個鍵琴被裝弦，一個裝的是金弦而另一個裝的是黃銅弦，如果對應的弦各自具有相同長度、直徑和張力，就能推知裝了金弦的琴在音調上將比裝了銅弦的琴約低5

度，因爲金的密度幾乎是銅的密度的二倍。而且在此也應指出，使運動的改變（velocità del moto）受到阻力的，也是物體的重量而不是它的大小，這和初看起來可能猜想到的情況是相反的。因爲，似乎合理的是相信一個大而輕的物體在把媒質推開時，將受到比一個細而重的物體所受的更大的對運動的阻力，但是在這裏，恰恰相反的情況才是眞實的。

現在回到原來的討論課題，我要斷言，一個音程的比率，並不是直接取決於各弦的長度、大小或張力，而是直接取決於各弦的頻率之比，也就是取決於打擊耳鼓並迫使它以相同頻率而振動的那種空氣波的脈衝數。確立了這一事實，我們就或許有可能解釋爲什麼音調不同的某兩個音會引起一種快感，而另外兩個音則產生一種不那麼愉快的效果，而再另外的兩個音則引起一種很不愉快的感覺。這樣一種解釋將和或多或少完全的諧和音及不諧和音的解釋相等價。後者所引起的不愉快感，我想是起源於兩個不同的音的不諧和頻率，它們不適時地（sproporzionatamente）打擊了耳鼓。特別刺耳的是一些音之間的不調和性，各個音的頻率是不可通約的。設有兩根調了音的弦，把一根弦用作開弦，而在另一根弦上取一段，使它的長度和總長度之比等於一個正方形的邊和對角線之比，當把這兩根弦同時彈響時就得到一種不諧和性，和增大的四度音及減小的五度音（tritono o semidiapente）相似。

悅耳的諧和音是一對一對的音，它們按照某種規律性來觸動耳鼓；這種規律性就在於一個事實，由兩個音在同一時段內發出的脈衝，在數目上是可通約的，從而就不會使耳鼓永遠因爲必須適應一直不調和的衝擊來同時向兩個不同的方向彎曲而感到難受。

因此，第一個和最悅耳的諧和音就是八度音。因爲，對於由低音弦向耳鼓發出的每一個脈衝，高音弦總是發出兩個脈

衝；因此，高音弦發出的每兩個脈衝中，就有一個和低音弦發出的脈衝是同時的，於是就有半數的脈衝是調音的。但是，當兩根弦本身是調音的時，它們的脈衝總是重合，而其效果就是單獨一根弦的效果，因此我們不說這是諧和音。五度音也是一個悅耳的音程，因為對於低音弦發出的每兩個脈衝，高音弦將發出三個脈衝，因此，考慮到從高音弦發出的全部脈衝，其中就有三分之一的數目是調音的，也就是說，在每一對調和振動之間，插入了兩次單獨的振動；而當音程為四度音時，插入的就是三次單獨的振動。如果音程是二度音，其比率為9/8，則只有高音弦的每九次振動才能有一次和低音弦的振動同時到達耳畔；所有別的振動都是不諧和的，從而就對耳鼓產生一種不愉快的效果，而耳鼓就把它詮釋為不諧和音。

一艘太空船的外部燃料槽落回地球，說明了自然加速運動原理。

第一天終

第三天

位置的改變（De Motu Locali）

我的目的是要推進一門很新的科學，它處理的是一個很老的課題。在自然界中，也許沒有任何東西比運動更古老；關於此事，哲學家們寫的書是既不少也不小的；儘管如此，我卻曾經通過實驗而發現了運動的某些性質，它們是值得知道的，而且迄今還不曾被人們觀察過和演示過。有些膚淺的觀察曾被做過，例如，一個重的下落物體的自由運動（naturalem motum）[1] 是不斷加速的；但是，這種加速到底達到什麼程度，卻還沒人宣佈過；因為，就我所知，還沒有任何人曾經指出，從靜止開始下落的一個物體在相等的時段內經過的距離彼此形成從 1 開始的奇數之間的關係。[2]

人們曾經觀察到，炮彈或拋射體將描繪某種曲線路程，然
而卻不曾有人指出一件事實，即這種路程是一條拋物線。但是
這一事實的其他為數不少和並非不值一顧的事實，我卻在證明
它們方面得到了成功，而且我認為更加重要的是，現在已經開
闢了通往這一巨大的和最優越的科學道路；我的工作僅僅是開
始，一些方法和手段正有待於比我更加頭腦敏銳的人們用來去
探索這門科學更遙遠的角落。

這種討論分成三個部分。第一部分處理穩定的或均勻的運
動；第二部分處理我們在自然界發現其為加速的運動；第三部
分處理所謂「劇烈的」運動以及拋射體。

均勻運動

在處理穩定的或均勻的運動時，我們只需要一個定義；我
給出此定義如下：

定　義

所謂穩定運動或均勻運動是指那樣一種運動，運動中的粒
子在任何相等的時段中通過的距離彼此相等。

注　意

舊的定義把穩定運動僅僅定義為在相等的時間內經過相等
的距離；在這個定義上，我們必須加上「任何」二字，意思是「所
有的」相等時段，因為，有可能運動物體將在某些相等的時段
內走過相等的距離，不過在這些時段的某些小部分中走過的距
離卻可能並不相等，即使時段是相等的。

由以上定義可以得出四條公理如下：

公理一

在同一均勻運動的事例中，一個較長的時段中通過的距離大於在一個較短的時段中通過的距離。

公理二

在同一均勻運動的事例中，通過一段較大距離所需要的時間長於通過一段較小距離所需要的時間。

公理三

在同一時段中，以較大速率通過的距離大於以較小速率通過的距離。

公理四

在同一時段中，通過一段較長的距離所需要的速率大於通過一段較短距離所需要的速率。

———————

自然加速的運動

屬於均勻運動的性質已經在上節中討論過了；但是加速運動還有待考慮。看來有必要一開始就找出並解釋一個最適合自然現象的定義。因為，任何人都可以發明一種任意類型的運動並討論其性質。例如，有人曾經設想螺線或蚌線是由某些在自然界中遇不到的運動所描繪的，而且曾經很可稱讚地確定了它們根據定義所應具有的性質；但是我們卻決定考慮在自然界中實際發生的那種以一個加速度下落的物體的現象，並且把這種現象弄成表現觀察到的加速運動之本質特點的加速運動的定義。而且最後，經過反覆的努力，我相信我們已經成功地做到了這一點。在這一信念中，我們主要是得到了一種想法的支持，

伽利略把他的望遠鏡展示給威尼斯總督。伽利略是第一個認識到觀察在天文學研究中之重要性的人。

那就是，我們看到實驗結果和我們一個接一個地證明了的這些性質相符合並確切地對應。最後，在自然加速運動的探索中，我們就彷彿被親手領著那樣去追隨大自然本身的習慣和方式，按照她的各種其他過程來應用那些最平常、最簡單和最容易的手段。

因為我認為沒人相信還有什麼方式會比魚兒們鳥兒們天生會游會飛還要更簡單而容易的呢。

因此，當我觀察一塊起初是靜止的石頭從高處下落並不斷地獲得速率的增量時，為什麼我不應該相信這樣的增長是以一種特別簡單而在每人看來都相當明顯的方式發生的呢？如果現在我們仔細地檢查一下這個問題，就會發現沒有比永遠以相同方式重複進行的增加或增長更為簡單的。當我們考慮時間和運動之間的密切關係時，我們就能真正地理解這一點；因為，正如運動的均勻性是通過相等的時間和相等的空間來定義和想像的那樣（例如當相等的距離是在相等的時段中通過時，我們就說運動是均勻的），我們也可以用相似的方式通過相等的時段來想像速率的增加是沒有任何複雜性的；例如我們可以在心中描繪一種運動是均勻而連續地被加速的，當在任何相等的時段中運動的速率都得到相等的增量時。例如，從物體離開它的靜止位置而開始下降的那一時刻開始計時，如果不論過了多長的時間，都是在頭兩個時段中得到的速率將等於在第一個時段中得到的速率的二倍；在三個這樣的時段中增加的量是第一時段中的三倍，而在四個時段中的增加量是第一時段中的四倍。為了把問題說得更清楚些，假若一個物體將以它在第一時段中獲得的速率繼續運動，它的運動就將比它以在頭兩個時段中獲得的速率繼續運動時慢一倍。

由此看來，如果我們令速率的增量和時間的增量成正比，我們就不會錯得太多；因此，我們即將討論的這種運動的定義，

就可以敘述如下：一種運動被稱為均勻加速的，如果從靜止開始，它在相等的時段內獲得相等的速率增量。

薩格：人們對於這一定義，事實上是對任何作者所發明的任何定義提不出任何合理的反駁，因為任何定義都是隨意的，雖然如此，我還是願意並無他意地表示懷疑，不知上述這種用抽象方式建立的定義是否和我們在自然界的自由下落物體的事例中遇到的那種加速運動相對應並能描述它。而且，既然作者顯然主張他的定義所描述的運動就是自由下落物體的運動，我希望能夠排除我心中的一些困難，以便我在以後可以更專心地聽那些命題和證明。

薩耳：你和辛普里修提出這些困難是很好的。我設想，這些困難就是我初次見到這本著作時所遇到的那些相同的困難，它們是通過和作者本人進行討論或在我自己的心中反覆思考而被消除了的。

薩格：當我想到一個從靜止開始下落的沉重物體時，就是說它從零速率開始並且從運動開始時和時間成比例地增加速率；這是一種那樣的運動，例如在八次脈搏的時間獲得8度速率；在第四次脈搏的結尾獲得4度；在第二次脈搏的結尾獲得2度；在第一次脈搏的結尾獲得1度；而且既然時間是可以無限分割的，由所有這些考慮就可以推知，如果一個物體較早的速率按一個恆定比率而小於它現在的速率，那麼就不存在一個速率的不論多小的度（或者說不存在遲慢性的一個無論多大的度），是我們在這個物體從無限遲慢即靜止開始以後不會發現的。因此，如果它在第四次脈搏的末尾所具有的速率是這樣的：如果保持均勻運動，物體將在 小時內通過2英里；而如果保持它在第二次脈搏的末尾所具有的速率，它就會在一小時內通過1英里；我們必須推測，當越來越接近開始的時刻時，物體就會運動得很慢，以致如果保持那時的速率，它就在一小

時，或一天、或一年、或一千年內也走不了1英里；事實上，它甚至不會挪動1英寸，不論時間多長；這種現象使人們很難想像，而我們的感官卻告訴我們，一個沉重的下落物體會突然得到很大的速率。

伽利略畫的一幅月相圖。伽利略不僅作了觀察，而且認真記錄下了他所看到的東西。

薩耳：這是我在開始時也經歷過的困難之一，但是不久以後我就排除了它；而且這種排除正是通過給你們帶來困難的實驗而達成的。你們說，實驗似乎表明，在重物剛一開始下落以後，它就得到一個相當大的速率；而我卻說，同一實驗表明，一個下落物體不論多重，它在開始時的運動都是很遲慢而緩和的。把一個重物體放在一種柔軟的材料上，讓它留在那兒，除它自己的重量以外不加任何壓力；很明顯，如果把物體抬高一兩英尺再讓它落在同樣的材料上，由於這種衝量，它就會作用一個新的比僅僅由重量引起的壓力更大的壓力，而且這種效果是由下落物體（的重量）和在下落中得到的速度所共同引起的；這種效果將隨著下落高度的增大而增大，也就是隨著下落物體的速度的增大而增大。於是，根據衝擊的性質和強度，我們就能夠準確地估計一個下落物體的速率。

但是，先生們，請告訴我這是不對的：如果一塊石塊從4英尺的高度落在一個木樁上而把它打進地中四指的深度；如果讓它從2英尺高處落下來，它就會把木樁打得更淺許多；最後，如果只把石塊抬起一指高，它將比僅僅被放在木樁上多打進多大一點兒？當然很小。如果只把它抬起像一張紙的厚度那麼高，那效果就會完全無法覺察了。而且，既然撞擊的效果依賴於這一打擊物體的速度，那麼當（撞擊的）效果小得不可覺察時，能夠懷疑運動是很慢而速率是很小嗎？現在請看看真理的力量吧！同樣的一個實驗，初看起來似乎告訴我們一件事，當仔細檢查時卻使我們確信了相反的情況。

上述實驗無疑是很有結論性的。但是，即使不依靠那個實

驗，在我看來也應該不難僅僅通過推理來確立這樣的事實。設想一塊沉重的石頭在空氣中被保持於靜止狀態。支援物被取走了，石頭被放開了；於是，既然它比空氣重，它就開始下落，而且不是均勻地下落，而是開始時很慢，但卻是以一種不斷加速的運動而下落。現在，既然速度可以無限制地增大和減小，有什麼理由相信，這樣一個以無限的慢度（即靜止）開始的運動物體立即會得到一個10度大小的速率，而不是4度、或2度、或1度、或半度、或百分之一度，而事實上可以是無限小值的速率呢？請聽我說，我很難相信你們會拒絕承認，一塊從靜止開始下落的石頭，它的速率的增長將經歷和減小時相同的數值序列；當受到某一強迫力時，石頭就會被扔到起先的高度，而它的速率就會越來越小；但是，即使你們不同意這種說法，我也看不出你們怎麼會懷疑速率漸減的上升石頭在達到靜止以前將經歷每一種可能的慢度。

辛普：但是如果越來越大的慢度有無限多個，它們就永遠不能被歷盡，因此這樣一個上升的重物體將永遠達不到靜止，而是將永遠以更慢一些的速率繼續運動下去，但這並不是觀察到的事實。

薩耳：辛普里修，這將會發生，假如運動物體將在每一速度處在任一時間長度內保持自己的速率的話；但是它只是通過每一點而不停留到長於一個時刻；而且，每一個時段不論多麼短都可以分成無限多個時刻，這就足以對應於無限多個漸減的速度了。

至於這樣一個上升的重物體不會在任一給定的速度上停留任何時間，這可以從下述情況顯然看出：如果某一時段被指定，而物體在該時段的第一個時刻和最後一個時刻都以相同的速率運動，它就會從這第二個高度上用和從第一高度上升到第二高度完全同樣的方式再上升一個相等的高度，而且按照相同的理

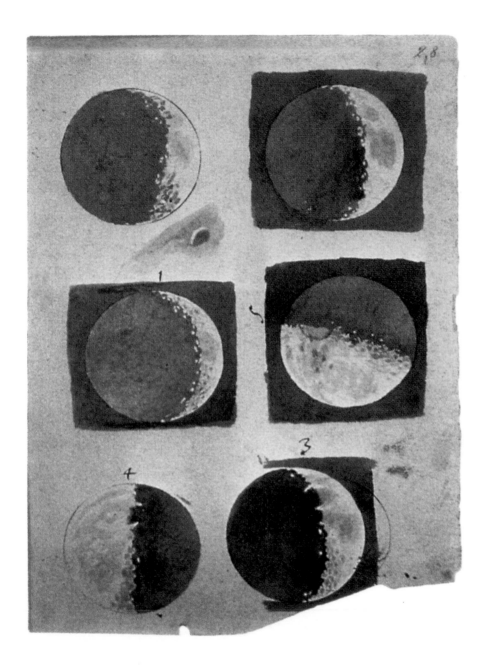

由，就會像從第二個高度過渡到第三個高度那樣而最後將永遠進行均勻運動。

薩格：從這些討論看來，我覺得所討論的問題似乎可以由哲學家來求得一個適當的解；那問題就是，重物體的自由運動的加速度是由什麼引起的？在我看來，既然作用在上拋物體上的力（virtù）使它不斷地減速，這個力只要還大於相反的重力，就會迫使物體上升；當二力達到平衡時，物體就停止上升而經歷它的平衡狀態；在這個狀態上，外加的衝量（impeto）並未消滅，而只是超過物體重量的那一部分已經用掉了，那就是使物體上升的部分。然後，外加衝量的減少繼續進行，使重力占了上風，下落就開始了；但是由於反向衝量（virtù impressa）的原因，起初下落得很慢，這時反向衝量的一大部分仍然留在物體中，但是隨著這種反向衝量的繼續減小，它就越來越多地被重力所超過，由此即得運動的不斷加速。

辛普：這種想法很巧妙，不過比聽起來更加微妙一些；因為，即使論證是結論性的，它也只能解釋一種事例；在那種事例中，一種自然運動以一種強迫運動為其先導，在那種強迫運動中，仍然存在一部分外力（virtù esterna），但是當不存在這種剩餘部分而物體從一個早先的靜止狀態開始時，整個論點的緊密性就消失了。

薩格：我相信你錯了，而你所作出的那種事例的區分是表面性的，或者倒不如說是不存在的。但是，請告訴我，一個拋射體能不能從拋射者那裏接受一個或大或小的力，例如把它拋到100腕尺的高度，或甚至是20腕尺，或4腕尺，或1腕尺的高度的那種力呢？

辛普：肯定可以。

薩格：那麼，外加的力就可能稍微超過重量的阻力而使物體上升一指的高度，而且最後，上拋者的力可能只大得正好可

以平衡重量的阻力，使得物體並不是被舉高而只是懸空存在。
當一個人把一塊石頭握在手中時，他是不是只給它一個強制力
（virtù impellente）使它向上，等於把它向下拉的重量的強度
（facoltà）而沒有做任何別的事呢？而且只要你還把石頭握在
手中，你是不是繼續在對它加這個力呢？在人握住石頭的時間
之內，這個力會不會或許隨著時間在減小呢？

　　而且，這個阻止石頭下落的支持是來自一個人的手，或來
自一張桌子，或來自一根懸掛它的繩子，這又有什麼不同呢？
肯定沒有任何不同。因此，辛普里修，你必須得出結論說，只
要石頭受到一個力的作用，反抗它的重量並足以使它保持靜
止，至於它在下落之前停留在靜止狀態的時間是長是短乃至只
有一個時刻，那都是沒有任何相干的。

　　薩耳：現在似乎還不是考察自由運動之加速原因的適當時
刻；關於那種原因，不同的哲學家曾經表示了各式各樣的意
思，有些人用指向中心的吸引力來解釋它，另一些人則用物體
中各個最小部分之間的排斥力來解釋它，還有一些人把它歸之
於周圍媒質中的一種應力，這種媒質在下落物體的後面合攏起
來而把它從一個位置趕到另一個位置。現在，所有這些猜想，
以及另外一些猜想，都應該加以檢查，然而那卻不一定值得。
在目前，我們這位作者的目的僅僅是考察並證明加速運動的某
些性質（不論這種加速的原因是什麼）；所謂加速運動是指那
樣一種運動，即它的速度的動量（i momenti della sua veloc-
ità）在離開靜止狀態以後不斷地和時間成正比而增大；這和另
一種說法相同，就是說，在相等的時段，物體得到相等的速度
增量；而且，如果我們發現以後即將演證的（加速運動的）那
些性質是在自由下落的和加速的物體上實現的，我們就可以得
出結論說，所假設的定義包括了下落物體的這樣一種運動，而
且它們的速率（accelerazione）是隨著時間和運動的持續而不

斷增大的。

薩格：就我現在所能看到的來說，這個定義可能被弄得更清楚一些而不改變其基本想法，就是說，均勻加速的運動就是那樣一種運動，它的速率正比於它所通過的空間而增大，例如，一個物體在下落4腕尺中所得到的速率，將是它在下落2腕尺中所得到的速率的二倍，而後一速率則是在下落1腕尺中所得到的速率的二倍。因為毫無疑問，一個從6腕尺高度下落的物體，具有並將以之來撞擊的那個動量，是它在3腕尺末端上所具有的動量的二倍，並且是它在1腕尺末端上所具有的動量的三倍。

薩耳：有這樣錯誤的同伴使我深感快慰；而且，請讓我告訴你，你的命題顯得那樣地或然，以致我們的作者本人也承認，當我向他提出這種見解時，連他也在一段時間內同意過這種謬見。但是，使我最吃驚的是看到兩條如此內在地有可能的以致聽到它們的每一個人都覺得不錯的命題，竟然只用幾句簡單的話就被證明不僅是錯誤的，而且是不可能的。

辛普：我是那些人中的一個，他們接受這一命題，並且相信一個下落物體會在下落中獲得活力（vires），它的速度和空間成比例地增加，而且下落物體的動量（momento）當從兩倍高度處下落時也會加倍；在我看來，這些說法應該毫不遲疑和毫無爭議地被接受。

薩耳：儘管如此，它們還是錯誤的和不可能的，就像認為運動應該在一瞬間完成那樣地錯誤和不可能；而且這裏有一種很清楚的證明。假如速度正比於已經通過或即將通過的空間，則這些空間是在相等的時段內通過的；因此，如果下落物體用以通過8英尺的空間的那個速度是它用以通過前面4英尺空間的速度的二倍（正如一個距離是另一距離的二倍那樣），則這兩次通過所需要的時段將是相等的。但是，對於同一個物體來

說，在相同的時間內下落8英尺和4英尺，只有在即時（dis-continuous）運動的事例中才是可能的；但是觀察卻告訴我們，下落物體的運動是需要時間的，而且通過4英尺的距離比通過8英尺的距離所需的時間要少；因此，所謂速度正比於空間而增加的說法是不對的。

另一種說法的謬誤性也可以同樣清楚地證明。因為，如果我們考慮單獨一個下擊的物體，則其撞擊的動量之差只能依賴於速度之差；因爲假如從雙倍高度下落的下擊物體應該給出一次雙倍動量的下擊，則這一物體必須是以雙倍的速度下擊的，但是以這一雙倍的速度，它將在相同時段內通過雙倍的空間；然而觀察卻表明，從更大高度下落所需要的時間是較長的。

薩格：你用了太多的明顯性和容易性來提出這些深奧問題；這種偉大的技能使得它們不像用一種更深奧的方式被提出時那麼值得賞識了。因爲，在我看來，人們對自己沒太費勁就得到的知識，不像對通過長久而玄祕的討論才得到知識那樣重視。

薩耳：假如那些用簡捷而明晰的方式證明了許多通俗信念之謬誤的人們被用了輕視而不是感謝的方式來對待，那傷害還是相當可以忍受的；但是，另一方面，看到那樣一些人卻是令人很不愉快而討厭的，他們以某一學術領域中的貴族自居，把某些結論看成理所當然，而那些結論後來卻被別人很快地和很容易地證明爲謬誤的了。我不把這樣一種感覺說成忌妒，而忌妒通常會墮落爲對那些謬誤發現者的仇視和惱怒。我願意說它是一種保持舊錯誤而不接受新發現的眞理的強烈欲望。這種欲望有時會引誘他們團結起來反對這些眞理，儘管他們在內心深處是相信那些眞理的；他們起而反對之，僅僅是爲了降低某些別的人在不肯思考的大眾中受到的尊敬而已。確實，我曾經從我們的院士先生那裏聽說過許多這樣被認爲是眞理但卻很容易被否證的謬說；其中一些我一直記著。

對頁

哈伯太空望遠鏡。這是伽利略望遠鏡的二十一世紀版本，它延續著觀察的本性，例證了他那個時代以及在那以後創造的理論模型。

薩格：你務必把它們告訴我們，不要隱瞞，但是要在適當的時候，甚至可以舉行一次額外的聚會。但是現在，繼續我們的思路，看來到了現在，我們已經確立了均勻加速運動的定義；這定義敘述如下：

一種運動被稱爲等加速運動或均勻加速運動，如果從靜止開始，它的動量（celeritatis momenta）在相等的時間內得到相等的增量。

薩耳：確立了這一定義，作者就提出了單獨一條假設，那就是：

同一物體沿不同傾角的斜面滑下，當斜面的高度相等時，物體得到的速率也相等。

第三天終

（戈革　譯）

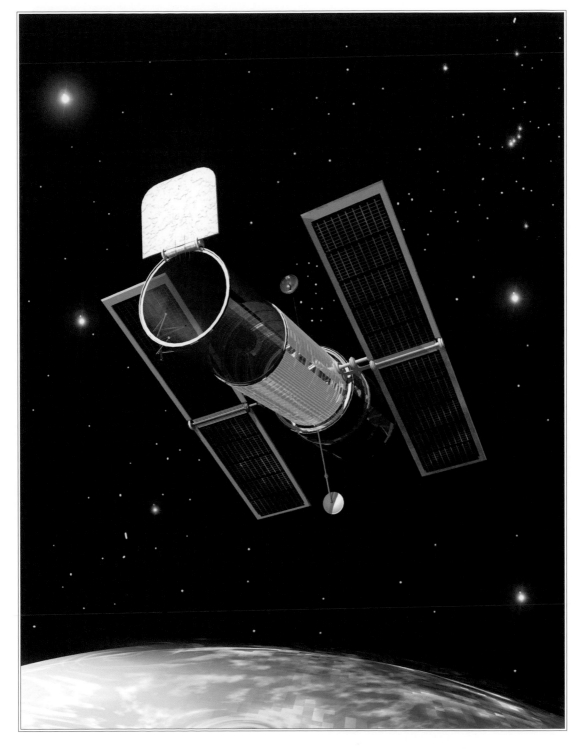

約翰內斯·克卜勒 *(1571-1630)*

生平與著作

　　如果要把一個獎項授予歷史上最致力於追求絕對精確性的人，那麼這位獲獎者很可能就是德國天文學家約翰內斯·克卜勒。克卜勒對測量是如此地著迷，以至於他甚至把自己出生之前的妊娠期精確到了分——二二四天九小時五十三分（他是一個早產兒）。因此，他在自己的天文學研究上所傾注的心血能夠使他制定出他那個時代最為精確的天文星表，從而使行星體系的太陽中心說最終為人們所接受也就不足為奇了。

　　哥白尼的著作對克卜勒有很大啟發。與哥白尼類似，克卜勒也是一個宗教信仰很深的人。他把自己對宇宙性質的日復一日的研究視為一個基督徒應盡的義務，即理解上帝創造的這個世界。但與哥白尼相比，克卜勒的生活更加動盪不定、清苦拮据。由於總是缺錢，克卜勒往往要靠出版一些占星曆書和天宮圖維持生活，而頗具諷刺意味的是，當所做預言後來被證明是正確的時候，這些東西竟使他在當地留下了某些惡名。此外，克卜勒行為怪異的母親卡特麗娜（Katherine）以施展巫術而聞名，並因此差點兒被處以火刑。克卜勒不僅過早地失去了他的幾個孩子，而且還因為不得不在法庭上為自己的母親辯護而受到侮辱。

　　克卜勒與許多人都有聯繫，其中最著名的要算是他與偉大

丹麥天文學家第谷・布拉赫，
克卜勒的雇主。

的裸眼天文觀測家第谷・布拉赫（Tycho Brahe）的關係了。第谷一生中的大部分時間都致力於記錄和觀測，但他卻缺乏必要的數學和分析技巧來理解行星的運行。第谷是一個富有的人，他雇請克卜勒弄明白已經困擾了天文學家很多年的火星軌道資料的含義。借助於第谷的資料，克卜勒煞費苦心，終於把火星的運行軌道描繪成一個橢圓，這一成功賦予了哥白尼的太陽中心體系模型以數學上的可信性。他關於橢圓軌道的發現開啓了一個嶄新的天文學時代，行星的運行可以得到預言了。

儘管獲得了這些成就，克卜勒卻從未得到多少財富或聲望，他經常被迫逃離他所寄居的國家。宗教紛爭和國內動盪使他不得不如此。當他於一六三〇年在快滿五十九歲時去世的時候（當時他正試圖索要欠薪），他已經發現了行星運動三定律。直到二十一世紀的今天，學生在物理課堂上仍要學習這些定律。正是克卜勒的第三定律，而不是一個蘋果，才幫助牛頓發現了萬有引力定律。

一五七一年十二月二十七日，約翰內斯・克卜勒出生在德國符騰堡（Württemberg）的小城魏爾（Weil）。按照約翰內斯的說法，他的父親海因里希・克卜勒（Heinrich Kepler）是「一個邪惡粗鄙、尋釁鬥毆的士兵」。他曾經數次拋下家庭，獨自隨雇傭軍一起到荷蘭幫助鎮壓一場新教徒的暴動，後被認爲是死在荷蘭。小約翰內斯跟隨他的母親卡特麗娜在他祖父的小酒館裏生活，儘管他身體不好，但小小年紀就要在餐桌旁服務。克卜勒不僅近視，而且小時候的一場差點要了他的命的天花還給他留下了看東西重影的後遺症。他的腹部有毛病，手指也是「殘廢的」，在他的家人看來，這使他沒能把牧師當做自己的職業。

「脾氣暴烈」和「饒舌不休」是克卜勒用來形容他母親卡特麗娜的兩個詞，但他從小就知道，這是他父親造成的。卡特

德國魏爾城，克卜勒出生於此。

麗娜本人是由一個因施展巫術而被處以火刑的姑姑養大的，所以在克卜勒看來，自己的母親後來面臨類似的指控，也就沒有什麼可奇怪的了。一五七七年，卡特麗娜曾把天空中出現的一顆「大彗星」指給兒子看，克卜勒後來承認，與母親共度的這一刻對自己的一生都有持續的影響。儘管童年充滿了痛苦和憂慮，但克卜勒顯然是才華出眾的，他成功地獲得了一項獎學金，這個獎是授予那些住在德國斯瓦比亞（Swabia）省以外，經濟條件不佳但卻有發展前途的男孩子的。他先是上了萊昂貝格（Leonberg）的德語寫作學校，然後轉到了一所拉丁語學校，這所學校幫助他培養了後來那種拉丁文寫作風格。由於體格孱弱，再加上少年老成，克卜勒沒少受同學們的欺負，他們認為克卜勒自詡無所不知。作為一種擺脫這種困境的方式，克卜勒不久就轉而研究宗教了。

　　一五八七年，克卜勒進入杜賓根大學學習神學和哲學。在那裏，他認真學習了數學和天文學，並且成了一名頗受爭議的

杜賓根大學。克卜勒在這裏獲得
了神學碩士學位。

哥白尼太陽中心說的擁護者。年輕的克卜勒公開為哥白尼的宇宙模型進行辯護，並且經常積極參加關於這一話題的公共討論。儘管他主要還是對神學感興趣，但他卻越來越被一個以太陽為中心的宇宙的魅力所吸引。他本打算一五九一年從杜賓根大學畢業之後留在那裏教授神學，但一封推薦他到奧地利格拉茨（Graz）的新教學校擔任數學和天文學教職的信卻使他改變了主意。於是，二十二歲的克卜勒並沒有選擇做一名研究科學的牧師，但他永遠都堅信上帝在創造這個宇宙的過程中所扮演的角色。

在十六世紀的時候，天文學與占星術之間的分別還很模糊。身為一名數學家，克卜勒在格拉茨的職責之一就是編寫一部完整的、能夠用來預測的占星曆書。這在當時是一項普通的工作，克卜勒顯然是受到了這項工作所能帶來的額外收入的鼓舞，但他卻沒有料到，自己的第一部曆書會引起民眾怎樣的反

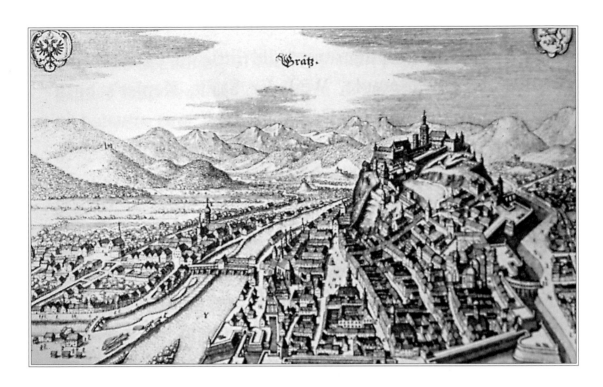

格拉茨，克卜勒完成了學業之後在
這裏成了一名神學院的教師。

應。他預言了一個格外寒冷的冬天和一次土耳其的入侵，當兩
個預言都變為現實的時候，克卜勒被歡呼為一個先知。儘管呼
聲很高，他卻從未看重自己的編曆工作。他稱占星術為「天文
學愚蠢的小女兒」，所以既對民眾的興趣置之不理，又對占星
術士的意圖嗤之以鼻。「如果占星術士有可能是正確的話，」
他寫道，「那也只能說明運氣不錯。」不過，當手頭緊的時候，
克卜勒從來都是轉向了占星術，這在他的一生中屢見不鮮，而
且他也的確希望能在占星術中發現某種真正的科學。

　　有一天，當克卜勒在格拉茨作幾何講演的時候，他突然得
到了一個啓發。這個啓發使他踏上了一段激情澎湃的旅程，他
的整個生活為之改觀。克卜勒感到，這是理解宇宙的秘密鑰匙。
他在課堂的黑板上畫了一個圓，在圓裏畫了一個等邊三角形，
又在三角形裏畫了一個圓。他突然意識到，這兩個圓之比可以
用來表示土星與木星軌道之比。受此啓發，他假定當時已知的

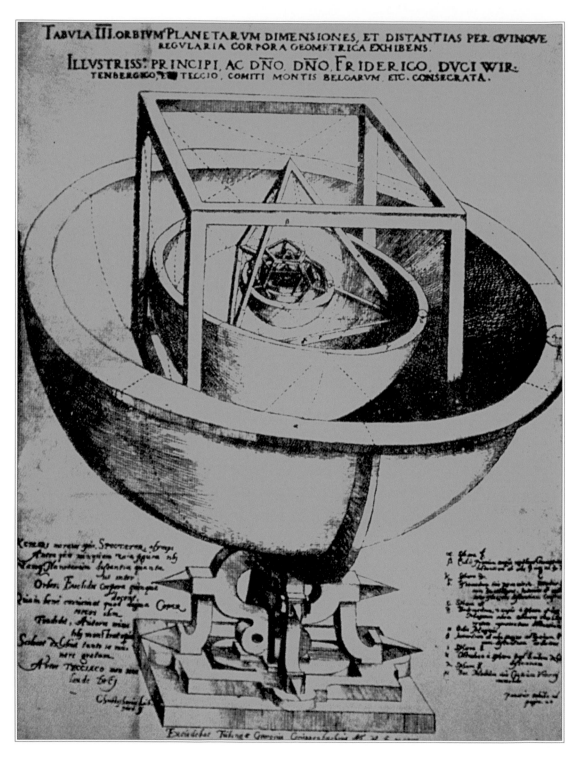

所有六顆行星都是以這樣的方式圍繞太陽排列的，幾何圖形可以完美地鑲嵌於其間。開始的時候，他用五邊形、正方形和三角形這樣的二維平面圖形來檢驗這一假說，但沒有成功。然後他又轉向古希臘人曾經用過的畢達哥拉斯立體，他們發現只有五種立體可以用正幾何圖形構造出來。在克卜勒看來，這五個間隔就解釋了為什麼只能存在六顆行星（水星、金星、地球、火星、木星和土星），以及為什麼這些間隔是不同的。這個關於行星軌道與距離的幾何理論激勵克卜勒寫出了《宇宙的奧祕》，後於一五九六年出版。儘管方案很正確，但寫這本書卻花了他差不多一年的時間。他顯然非常確信自己的理論能夠最終得到證實：

> 我從這個發現中所獲得的欣喜之情難以言表。我不後悔浪費了時間，不厭倦勞作，不躲避計算的艱辛，夜以繼日地進行運算，為的是能夠明白這一想法是否能與哥白尼的軌道相符，或者我的喜悅是否會是一場空。有些時候，事情的進展盡如人意，我看到一個又一個的正多面體在行星之間精確地各居其位。

在這之後，克卜勒一直致力於可能證實其理論的數學證明和科學發現。《宇宙的奧祕》是自哥白尼的《天體運行論》以來所出版的第一部明確的哥白尼主義者的著作。身為一名神學家和天文學家，克卜勒決心理解上帝是如何設計以及為什麼要設計這樣一個宇宙的。儘管擁護日心體系有著嚴肅的宗教內涵，但克卜勒堅持認為，太陽位於中心對於上帝的設計是至關重要的，因為它使諸行星聯合起來連續不斷地運動。在這種意義上，克卜勒打破了哥白尼的「接近」中心的日靜體系，而把太陽徑直放在了體系的中心。

克卜勒的多面體在今天似乎很難行得通。然而,儘管《宇宙的奧祕》的前提是錯誤的,其結論卻是驚人地準確,它對近代科學進程的影響是決定性的。當這本書出版之後,克卜勒寄給了伽利略一本,勸他「相信並挺身而出」,但這位義大利天文學家卻因其外表上的思辨性質而拒絕了這部著作。而第谷・布拉赫卻立即被它吸引住了。他認為克卜勒的這部著作很有創見,令人振奮,還寫了一篇詳細的評論來支持這本書。克卜勒後來寫道,人們對《宇宙的奧祕》的反應改變了他一生的方向。

一五九七年,另有一件事情改變了克卜勒的生活,他愛上了巴爾巴拉・米勒(Barbara Müller),一位富有的磨場主的大女兒。他們於當年的四月二十七日結婚,克卜勒後來在日記裏寫道,這一天的星象不吉。他的預言能力又一次顯示,這種婚姻關係會走向解體。他們的前兩個孩子很小就夭折了,這使克卜勒痛苦得幾乎發狂。他拼命忘我地工作,以使自己從痛苦中解脫出來,但他的妻子卻不理解他的追求。「肥胖臃腫、思想混亂、頭腦簡單」是他在日記裏形容她的話,儘管這場婚姻持續了十四年,直到她一六一一年死於斑疹傷寒才宣告結束。

克卜勒的第一位妻子巴爾巴拉,他們於一五九七年結婚。

一五九八年九月,身為天主教徒的大公命令克卜勒和格拉茨的其他路德教徒離開這座城市,他決心要把路德教從奧地利清除出去。在造訪了第谷・布拉赫在布拉格的伯那特基(Benatky)城堡之後,克卜勒被這位富有的丹麥天文學家邀請留在那裏進行研究。克卜勒在見到第谷以前就已經對他有所瞭解了。「我對第谷的看法是這樣的:他極為富有,但正像大多數有錢人那樣,他並不知道應當如何利用這一點,」他寫道,「因此,必須努力把他的財富從他的手裏奪走。」

如果說克卜勒與妻子的關係並不複雜的話,那麼當克卜勒

年輕的克卜勒。

與身為貴族的第谷進行合作時，情況可就不是這樣了。起初，第谷把年輕的克卜勒當成一名助手，只是認真地給他佈置任務，而不讓他接觸詳細的觀測資料。克卜勒極其希望能夠受到平等的對待，並能獲得某些獨立性，但第谷卻另有一番打算，他想利用克卜勒去建立他自己的行星體系模型——一個克卜勒並不認同的非哥白尼模型。

克卜勒深感沮喪。第谷掌握著詳實的觀測資料，但缺少數學工具來透徹地理解它們。最後，也許是為了安撫這位心神不安的助手，第谷指派克卜勒去研究火星的軌道，它已經困擾了這位丹麥天文學家一段時間了，因為火星軌道似乎最偏離圓形。一開始，克卜勒認為自己可以在八天內解決這個問題，但事實上，這項工作用去了他八年的時間。儘管後來證明此項研究是困難的，但這並非得不償失，因為它引導克卜勒發現了火星的精確軌道是一個橢圓，並使其在一六〇九年出版的《新天文學》（*Astronomia Nova*）中提出了他的前兩條「行星定律」。

在與第谷合作了一年半之後，有一次吃飯時，這位丹麥天

一本十八世紀德國地圖集中的克
卜勒和布拉赫。

文學家忽然病得很重,幾天後便因膀胱感染而去世。克卜勒接
替了其皇家數學家的職位,不再受其提防,而可以自由地研究
行星理論了。克卜勒意識到了這次機會,於是立即設法趕在第
谷的繼承人之前弄到了他渴望已久的數據資料。克卜勒後來寫
道,「我承認,當第谷去世的時候,我趁其繼承人未加注意,
迅速掌握了那些觀測資料,或可說是篡奪了它們。」結果就是
《魯道夫星表》(*Rudolphine Tables*)的誕生,它是對第谷三十
年觀測資料的一次編輯整理。公平地說,第谷在臨死時曾敦促
克卜勒完成這份星表,但克卜勒並沒有像第谷所希望的那樣,
按照第谷的假說來做這項工作,而是用包含著他自己發展的對
數運算的資料來預測行星的位置。他能夠預測水星與火星沖日
的時間,儘管他在有生之年沒有見證它們。然而,直到
一六二七年克卜勒才出版《魯道夫星表》,因為他所發現的資
料總是把他引向新的方向。

第谷去世以後，克卜勒觀測到了一顆新星，這顆星後來以
「克卜勒新星」而得名。此外，他還根據光學理論做了實驗。
儘管與天文學和數學上的成就相比，科學家和學者們認為克卜
勒的光學工作不太重要，但他一六一一年出版的《屈光學》
（Dioptrices）卻改變了光學的進程。

一六〇五年，克卜勒公布了他的第一定律，即橢圓定律。
這條定律說，諸行星均以橢圓繞太陽運行，太陽位於橢圓的一
個焦點上。克卜勒斷言，當地球沿橢圓軌道運行時，一月距太
陽最近，六月距太陽最遠。他的第二定律，即等面積定律，則
進一步指出，行星在相等時間內掃過相等的面積。克卜勒說，
如果假想一條從行星引向太陽的直線，那麼該直線必定在相等
時間內掃過相等的面積。他於一六〇九年出版的《新天文學》
中發表了這兩條定律。

然而，儘管有著皇家數學家的頭銜，並因伽利略請其對新
的望遠鏡發現發表意見而成了著名科學家，但克卜勒並不能保
證自己過上安定的生活。布拉格的宗教紛爭危及到了他這個新
的家鄉，他的妻子和最心愛的兒子也於一六一一年離開了人
世。克卜勒被特許回到林茨，一六一三年，他同一位二十四歲
的孤兒蘇珊娜·羅伊廷格（Susanna Reuttinger）結婚，她後來
為克卜勒生下了七個孩子，但只有兩個活到了成年。正在這時，
克卜勒的母親被人指控施展巫術，克卜勒不得不一面承受他個
人生活中的巨大紛亂，一面為了使她免於火刑而奮力辯護。卡
特麗娜被判入獄，受到了拷問，但她的兒子卻設法使宣判成為
無罪，卡特麗娜獲得了釋放。

由於多方掣肘，克卜勒在剛回到林茨的一段時間裏並不多
產。由於心神難以安寧，他不得不把注意力由星表轉到《世界
的和諧》（Harmonice Mundi）的寫作。馬科斯·卡斯帕（Max
Caspar）在克卜勒的傳記中，曾把這部充滿激情的著作形容為

「一幅由科學、詩、哲學、神學和神祕主義編織成的宏偉的宇宙景觀」。一六一八年五月二十七日，克卜勒完成了《世界的和諧》。他用了五卷的篇幅，把他的和諧理論拓展到了音樂、占星術、幾何學和天文學上。他的行星運動第三定律也包含其中，六十年之後，它將啓發伊薩克・牛頓。這條定律說，諸行星與太陽的平均距離的立方正比於運轉週期的平方。簡而言之，克卜勒發現了行星是如何沿軌道運行的，這樣就爲牛頓發現爲什麼會以這種方式運行鋪平了道路。

克卜勒確信自己已經發現了上帝設計宇宙的邏輯，他無法抑制自己的狂喜。在《世界的和諧》第五卷中，他這樣寫道：

> 我要以坦誠的告白盡情嘲弄人類：我竊取了埃及人的金瓶，卻用它們在遠離埃及疆界的地方給我的上帝築就了一座聖所。如果你們寬恕我，我將感到欣慰；如果你們申斥我，我將默默忍受。總之書是寫成了，骰子已經擲下去了，人們是現在讀它，還是將來子孫後代讀它，這都無關緊要。既然上帝爲了他的研究者已經等了六千年，那就讓它爲讀者等上一百年吧。

開始於一六一八年的三十年戰爭給奧地利和德國造成了巨大損失，克卜勒也被迫於一六二六年離開了林茨。最終，他在西里西亞的小城薩岡（Sagan）定居下來，並在那裏試圖完成一部可以稱得上是科幻小說的著作。這部著作他已著手多年，爲的是在他母親因施巫術而受審期間，掙得少許費用。《月亮之夢》（*Somnium seu astronomia lunari*）講的是主人翁與一個狡猾的「惡魔」的會面，後者向主人翁解釋了如何能夠到月亮上去旅行。這部著作在卡特麗娜受審的時候即被發現，且不幸成爲物證。克卜勒極力爲之辯護，聲稱它只是純粹的虛構，惡

魔不過是一個文學設計而已。這部著作的獨特之處在於，它不
僅在幻想方面超前於它所處的時代，而且也是一部支持哥白尼
理論的著作。

　　一六三〇年，當克卜勒五十八歲的時候，他發現自己在經
濟上又一次陷入了窘境。他啓程前往雷根斯堡（Regensburg），
希望此行能夠索回一些債券的利息以及別人欠他的錢。然而剛
到那裏幾天他就發起了燒，旋即於十一月五日去世。儘管克卜
勒從未獲得像伽利略那樣高的聲望，但他的著作對於像牛頓這
樣的專業天文學家極其有用，他們會仔細研究克卜勒的科學的
細節和精確性。約翰內斯·克卜勒更看重審美上的和諧與秩序，
他的所有發現都與自己對上帝的看法密不可分。他爲自己撰寫
的墓誌銘是：「我曾測天高，今欲量地深。我的靈魂來自上天，
凡俗肉體歸於此地。」

世界的和諧

第五卷：論天體運動完美的和諧以及由此得到的離心率、半徑和週期的起源

依據目前最為完善的天文學學說所建立的模型，以及業已取代托勒密、並被公認為正確的哥白尼和第谷·布拉赫的假說。

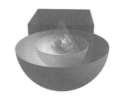

我正在進行一次神聖的討論，這是一首獻給上帝這位造物主的真正頌歌。我以為，虔誠不在於用大批公牛作犧牲給祂獻祭，也不在於用數不清的香料和肉桂給祂焚香，而在於首先自己領會祂的智慧是如何之高，能力是如何之大，善是如何之寬廣，然後再把這些傳授給別人。因為希望盡其所能為應當增色的東西增光添彩，而不去忌妒它的閃光之處，我把這看做至善之象徵；探尋一切可能使他美奐絕倫的東西，我把這看做非凡智慧之表現；履行他所頒佈的一切事務，我把這看作不可抗拒之偉力。

——蓋倫（Galen），《論人體各部分的用處》（*On the Use of Psrts*），第三卷

對頁

宇宙中的和諧。這裏宇宙的結構被看作是一系列嵌套的單元，它們分別組成了五種柏拉圖立體。天球包含著立方體，包含著天球，包含著四面體，包含著天球，包含著八面體，包含著天球，包含著十二面體，包含著天球，包含著二十面體。

序言

關於這個發現，我二十二年前發現天球之間存在著五種正多面體時就曾預言過；在我見到托勒密的《和聲學》（*Harmonica*）之前就已經堅信不移了；遠在我對此確信無疑以前，我曾以本書第五卷的標題向我的朋友允諾過；十六年前，我曾在一本出版的著作中堅持要對它進行研究。為了這個發現，我已把我一生中最好的歲月獻給了天文學事業，為此，我曾拜訪過第谷·布拉赫，並選擇在布拉格定居。最後，至高至

善的上帝開啓了我的心靈，激起了我強烈的渴望，延續了我的
生命，增強了我精神的力量，還惠允兩位慷慨仁慈的皇帝以及
上奧地利地區的長官們滿足了我其餘的要求。我想說的是，當
我在天文學領域完成了足夠多的工作之後，我終於撥雲見日，
發現它甚至比我曾經預期的還要眞實：連同第三卷中所闡明的
一切，和諧的全部本質都可以在天體運動中找到，而且它所呈
現出來的並不是我頭腦中曾經設想的那種模式（這還不是最令
我興奮的），而是一種非常完美的迥然不同的方式。正當重建
天體運動這項極爲艱苦繁複的工作使我進退維谷之時，閱讀托
勒密的《和聲學》極大地增強了我對這項工作的興趣和熱情。
這本書是以抄本的形式寄給我的，寄送人是巴伐利亞的總督約
翰·格奧格·赫瓦特（John George Herward）先生，一個爲推
進哲學而生的學識淵博的人。出人意料的是，我驚奇地發現，
這本書的幾乎整個第三卷在一五○○年前就已經討論了天體的
和諧。不過在那個時候，天文學還遠沒有成熟，托勒密通過一
種不幸的嘗試，可能已經使人陷入了絕望。他就像西塞羅筆下
的西庇阿（Scipio），似乎講述了一個令人愜意的畢達哥拉斯
之夢，卻沒有對哲學有所助益。然而粗陋的古代哲學竟能與時
隔十五個世紀的我的想法完全一致，這極大地增強了我把這項
工作繼續下去的力量。那麼多人的作用爲何？事物的眞正本性
正是通過不同時代的不同闡釋者才把自身揭示給人類的。兩個
把自己完全沉浸在對自然的思索當中的人，竟對世界的形構有
著同樣的想法，這種觀念上的一致正是上帝的點化（套用一句
希伯來人的慣用語），因爲他們並沒有互爲對方的嚮導。從
十八個月前透進來的第一縷曙光，到三個月前的一天的豁然開
朗，再到幾天前思想中那顆明澈的太陽開始盡放光芒，我始終
勇往直前，百折不回。我要縱情享受那神聖的狂喜，以坦誠的
告白盡情嘲弄人類：我竊取了埃及人的金瓶，卻用它們在遠離

第谷‧布拉赫的四分儀，用於他在
烏拉尼堡的天文臺。

埃及疆界的地方給我的上帝築就了一座聖所。如果你們寬恕
我，我將感到欣慰；如果你們申斥我，我將默默忍受。總之書
是寫成了，骰子已經擲下去了，人們是現在讀它，還是將來子
孫後代讀它，這都無關緊要。既然上帝為了他的研究者已經等
了六千年，那就讓它為讀者等上一百年吧。

在開始探討這些問題以前，我想先請讀者銘記蒂邁歐（Timaeus）這位異教哲學家在開始討論同樣問題時所提出的勸誠。基督徒應當帶著極大的讚美之情去學習這段話，而如果他們沒有遵照這些話去做，那就應當感到羞愧。這段話是這樣的：

蘇格拉底，凡是稍微有一點頭腦的人，在每件事情開始的時候總要求助於神，無論這件事情是大是小；我們也不例外，如果我們不是完全喪失理智的話，要想討論宇宙的本性，考察它的起源，或者要是沒有起源的話，它是如何存在的，我們當然也必須向男女眾神求助，祈求我們所說的話首先能夠得到諸神的首肯，其次也能為你所接受。

克卜勒所理解的宇宙把行星與柏拉圖立體及其宇宙幾何聯繫了起來。火星對應正十二面體，金星對應正二十面體，地球對應球體，木星對應正四面體，水星對應正八面體，土星對應正四面體。

第一章 論五種正多面體

　　我已經在第二卷中討論過，正平面圖形是如何鑲嵌成多面體的。在那裏，我曾談到由平面圖形所組成的五種正多面體，並且說明了爲什麼數目是五，還解釋了柏拉圖主義者爲什麼要稱它們爲宇宙形體（figures），以及每種立體因何種屬性而對應著何種元素。在本卷的開篇，我必須再次討論這些多面體，而且只是就其本身來談，而不考慮平面，對於天體的和諧而言，這已經足夠了。讀者可以在《哥白尼天文學概要》（*Epitome of Astronomy*）第二編第四卷中找到其餘的討論。

　　根據《宇宙的奧祕》，我想在這裏簡要解釋一下宇宙中這五種正多面體的次序，在它們當中，三種是初級形體，兩種是次級形體：

(1) 立方體，它位於最外層，體積也最大，因爲它是首先產生的，並且從天生就具有的形式來看，它有著整體的性質；接下來是 (2) 四面體，它好像是從正方體上切割下來的一個部分，不過就像立方體一樣，它也有三線立體角，從而也是初級形體；在四面體內部是 (3) 十二面體，即初級形體中的最後一種，它好像是由立方體的某些部分和四面體的類似部分（即不規則四面體）所組成的一個立體，它蓋住了裏面的立方體；接下來是 (4) 二十面體，根據相似性，它是次級形體中的最後一種，有著多於三線的立體角；最後是位於最內層的 (5) 八面體，與正方體類似，它是次級形體的第一種。正如正方體因外接而佔據最外層的位置，八面體也因內接而佔據最內層的位置。

然而，在這些多面體中存在著兩組值得注意的不同等級之間的結合（wedding）：雄性一方是初級形體中的立方體和十二面體，雌性一方則是次級形體中的八面體和二十面體，除此以外，還要加上一個獨身者或雌雄同體，即四面體，因爲它可以內接於自身，就像雌性立體可以內接於雄性立體，彷彿隸屬於它一樣。雌性立體所具有的象徵與雄性象徵相反，前者是面，後者是角。此外，正像四面體是雄性的正方體的一部分，宛如其內臟和肋骨一樣，從另一種方式來看，雌性的八面體也是四面體的一部分和體內成分：因此，四面體是該組結合的仲介。

這些結合或家庭之間的最大區別是：立方體結合之間的比例是有理的，因爲四面體是立方體的三分之一，八面體是四面體的二分之一和立方體的六分之一；但十二面體的結合的比例是無理的〔不可表達的（ineffabilis）〕，不過是神聖的。

由於這兩個詞連在一起使用，所以務請讀者注意它們的含義。與神學或神聖事物中的情形不同，「不可表達」在這裏並不表示高貴，而是指一種較爲低等的情形。正如我在第一卷中

所說，幾何學中存在著許多由於自身的無理性而無法涉足神聖比例的無理數。至於神聖比例（毋寧說是神聖分割）指的是什麼，你必須參閱第一卷的內容。因為一般比例需要有四項，連比例需要有三項，而神聖比例除去比例本身的性質以外，還要求各項之間存在著一種特定的關係，即兩個小項作為部分構成整個大項。因此，儘管十二面體的結合比例是無理的，但這卻反而成就了它，因為它的無理性接近了神。這種結合還包括了星狀多面體，它是由正十二面體的五個面向外延展，直至匯聚到一點產生的。讀者可以參見第二卷的相關內容。

最後，我們必須關注這些正多面體的外接球的半徑與內切球的半徑之比：對於四面體而言，這個值是有理的，它等於100000：33333或3：1；對於立方體的結合而言，該值是無理的，但內切球半徑的平方卻是有理的，它等於（外接球）半徑平方的三分之一的平方根，即100000：57735；對於十二面體的結合則顯然是無理的，它大約等於100000：79465；對於星狀多面體，該值等於100000：52573，即二十邊形邊長的一半或兩半徑間距的一半。

第二章　論和諧比例與五種正多面體之間的關係

這些關係不僅多種多樣，而且層次也不盡相同，我們可以由此把它們分為四種類型：它或者僅來源於多面體稜的外在形狀；或者在構造稜邊時產生了和諧比例；或者來源於已經構造出來的多面體，無論是單個的還是組合的；或者等於或接近於多面體的內切球與外接球之比。

對於第一種類型的關係，如果比例的特徵項或大項為3，則它們就與四面體、八面體和二十面體的三角形面有關係；如果大項是4，則與立方體的正方形面有關係；如果大項是5，則與十二面體的五邊形面有關係。這種面相似性也可以拓展到比

例中的小項，於是，只要3是連續雙倍比例中的一項，則該比
例就必定與前三個多面體有關係，比如1：3、2：3、4：3和
8：3等等；如果這一項是5，則這個比例就必定與十二面體的
結合有關係，比如2：5、4：5和8：5。類似的，3：5、3：
10、6：5、12：5和24：5也都屬於這些比例。但如果表示這種

被克卜勒看作宇宙建築砌塊的五
種柏拉圖立體。球體包含著所有
這些。（顯示於被反射的水晶中）

相似性的是兩比例項之和，那麼這種關係存在的可能性就較小
了。比如在2：3中，兩比例項加起來等於5，於是2：3近似與
十二面體有關係。因立體角的外在形式而具有的關係與此類
似：在初級多面體中，立體角是三線的，在八面體中是四線
的，在二十面體中是五線的。因此，如果比例中的一項是3，

則該比例將與初級多面體有關係；如果是4，則與八面體有關係；如果是5，則與二十面體有關係。對於雌性多面體，這種關係就更爲明顯了，因爲潛藏於其內部的特徵圖形具有與角同樣的形式：八面體中是正方形，二十面體中是五邊形。所以3：5有兩個理由屬於二十面體。

對於第二種起源類型的關係，可做如下考慮：首先，有些整數之間的和諧比例與某種結合或家庭有關係，或者說，完美比例只與立方體家庭有關係；而另一方面，也有一些比例無法用整數來表示，而只能通過一長串整數逐漸逼近。如果這一比例是完美的，它就被稱爲神聖的，並且自始至終都以各種方式規定著十二面體的結合。因此，以下這些和諧比例1：2、2：3、3：5、5：8是導向這一比例的開始。如果比例總是和諧的，因1：2最不完美，5：8稍完美一些，我們把5加上8得到13，並且在13前面添上8，那麼得出的比例就更完美了。

此外，爲了構造多面體的稜邊，（外接）球的直徑必須被切分。八面體需要直徑分爲兩半，立方體和四面體需要分爲三份，十二面體的結合需要分爲五份。因此，多面體之間的比例是根據表達比例的這些數字而分配的。直徑的平方也要切分，或者說多面體稜邊的平方由直徑的某一固定部分形成。然後，把稜邊的平方與直徑的平方相比，於是就構成了如下比例：正方體是1：3，四面體是2：3，八面體是1：2。如果把兩個比例複合在一起，則正方體和四面體給出的複合比例是1：2，立方體和八面體是2：3，八面體和四面體是3：4，十二面體結合的各邊是無理的。

第三，由已經構造出來的多面體可以根據各種不同方式產生和諧比例。我們或者把每一面的邊數與整個多面體的稜數相比，得到如下比例：正方體是4：12或1：3，四面體是3：6或1：2，八面體是3：12或1：4，十二面體是5：30或1：6，

二十面體是3：30或1：10；或者把每一面的邊數與面數相比，得到以下比例：正方體是4：6或2：3，四面體是3：4，八面體是3：8，十二面體是5：12，二十面體是3：20；或者把每一面的邊數或角數與立體角的數目相比，得到以下比例：正方體是4：8或1：2，四面體是3：4，八面體是3：6或1：2，十二面體的結合是5：20或3：12（即1：4）；或者把面數與立體角的數目相比，得到以下比例：立方體是6：8或3：4，四面體是1：1，十二面體是12：20或3：5；或者把全部邊數與立體角的數目相比，得到以下比例：立方體是8：12或2：3，四面體是4：6或2：3，八面體是6：12或1：2，十二面體是20：30或2：3，二十面體是12：30或2：5。

　　這些多面體彼此之間也可以相比。如果通過幾何上的內嵌，把四面體嵌入立方體，把八面體嵌入四面體和立方體，則四面體等於立方體的三分之一，八面體等於四面體的二分之一和立方體的六分之一，所以內接於球的八面體等於外切於球的立方體的六分之一。其餘多面體之間的比例都是無理的。

　　對於我們的研究來說，第四類或第四種程度的關係是更為適當的，因為我們所尋求的是多面體的內切球與外接球之比，計算的是與此接近的和諧比例。只有在四面體中，內切球的直徑才是有理的，即等於外接球的三分之一。但在立方體的結合中，這唯一的比例只有在相應線段平方之後才是有理的，因為內切球的直徑與外接球的直徑之比為1：3的平方根。如果把這些比例相互比較，則四面體的兩球之比將等於立方體兩球之比的平方。在十二面體的結合中，兩球之比仍然只有一個值，不過是無理的，稍大於4：5。因此，與立方體和八面體的兩球之比相接近的和諧比例分別是稍大的1：2和稍小的3：5；而與十二面體的兩球之比相接近的和諧比例分別是稍小的4：5和5：6，以及稍大的3：4和5：8。

然而，如果由於某種原因，1：2和1：3被歸於立方體，而且確實就用這個比例，則立方體的兩球之比與四面體的兩球之比之間的比例，將等於已被歸於立方體的和諧比例1：2和1：3與將被歸於四面體的和諧比例1：4和1：9之比，這是因為這些比例（即四面體的比例）等於前面那些和諧比例（即立方體的和諧比例）的平方。對於四面體而言，由於1：9不是和諧比例，所以它只能被1：8這一與它最接近的和諧比例所代替。根據這個比例，屬於十二面體的結合的比例將約為4：5和3：4。因為立方體的兩球之比近似等於十二面體的兩球之比的立方，所以立方體的和諧比例1：2和1：3將近似等於和諧比例4：5和3：4的立方。4：5的立方是64：125，1：2即為64：128；3：4的立方是27：64，1：3即為27：81。

第三章　研究天體和諧所必需的天文學原理之概要

在閱讀本文之初，讀者們即應懂得，儘管古老的托勒密天文學假說已經在普爾巴赫（Peuerbach）的《理論》（*Theoricae*）以及其他概要著作中得到了闡述，但卻與我們目前的研究毫不相同，我們應當從心目中將其驅除乾淨，因為它們既不能給出天體的真實排列，又無法為支配天體運動的規律提供合理的說明。

我只能單純地用哥白尼關於世界的看法代替托勒密的那些假說，如果可能，我還要讓所有人都相信這一看法，因為許多普通研究者對這一思想依然十分陌生，在他們看來，地球作為行星之一在群星中圍繞靜止不動的太陽運行，這種說法是相當荒謬的。那些為這種新學說的奇特見解所震驚的人應當知道，這些關於和諧的思索即便在第谷・布拉赫的假說中也佔有一席之地，因為第谷贊同哥白尼關於天體排列以及支配天體運動的規律的每一觀點，只是單把哥白尼所堅持的地球的周年運動改

成了整個行星天球系統和太陽的運動，而哥白尼和第谷都認為，太陽位於系統的中心。雖然經過了這種運動的轉換，但在第谷體系和哥白尼體系中，地球在同一時刻所處的位置都是一樣的，即使它不是在廣袤無垠的恆星天球區域，至少也是在行星世界的系統中。正如一個人轉動圓規的畫腳可以在紙上畫出一個圓，他若保持圓規畫腳或畫針不動，而把紙或木板固定在運轉的輪子上，也能在轉動的木板上畫出同樣的圓。現在的情況也是如此，按照哥白尼的學說，地球由於自身的真實運動而

在火星的外圓與金星的內圓之間畫出自己的軌道；而按照第谷的學說，整個行星系統（包括火星和金星的軌道在內）就像輪子上的木板一樣在旋轉著，而固定不動的地球則好比刻紙用的鐵筆，在火星與金星圓軌道之間的空間中保持靜止。由於系統的這種運動，遂使靜止不動的地球在火星和金星之間繞太陽畫出的圓，與哥白尼學說中由於地球自身的真實運動而在靜止的系統中畫出的圓相同。再則，因為和諧理論認為，從太陽上看去行星是在做偏心運動，我們遂不難理解，儘管地球是靜止不動的（姑且按照第谷的觀點認為如此），但如果觀測者位於太陽上，那麼無論太陽的運動有多大，他都會看到地球在火星與金星之間畫出自己的周年軌道，運行週期也介於這兩顆行星的週期之間。因此，即使一個人對於地球在群星間的運動難思難解、疑信參半，他還是能夠滿心情願地思索

這無比神聖的構造機理，他只須把自己所瞭解的關於地球在其偏心圓上所做的周日運動的知識，應用於在太陽上所觀察到的周日運動（就像第谷那樣把地球看作靜止不動所描述的那種運動）即可。

然而，薩摩斯哲學的真正追隨者們大可不必去羨慕這些人的此等冥思苦想，因為倘使他們接受太陽不動和地球運動的學說，則必將從那完美無缺的沉思中獲得更多的樂趣。

首先，讀者應當知道，除月球是圍繞地球旋轉的以外，所有行星都圍繞太陽旋轉，這對於當今所有的天文學家來說都已成為一個毋庸置疑的事實；月球的天球或軌道太小，以致無法

在圖中用與其他軌道相同的比例畫出。因此，地球應作爲第六個成員加入其他五顆行星的行列，無論認爲太陽是靜止的而地球在運動，還是認爲地球是靜止的而整個行星系統在旋轉，地球本身都畫出環繞太陽的第六個圓。

其次，還應確立以下事實：所有行星都在偏心軌道上旋轉，也就是說，它們與太陽之間的距離是變化的，並且在一段軌道上離太陽較遠，而在相對的另一段軌道上離太陽較近。在附圖中，每顆行星都對應著三個圓周，但沒有一個圓周代表該行星的眞實偏心軌道。以火星爲例，中間一個圓的直徑*BE*等於偏心軌道的較長直徑，火星的眞實軌道*AD*，切三個圓周中最外面的一個圓周*AF*於*A*點，切最裏面的一個圓周*CD*於*D*點。用虛線畫出的經過太陽中心的軌道*GH*，代表太陽在第谷體系中的軌道。如果太陽沿此路徑運動，則整個行星體系中的每一個點也都在各自的軌道上做同樣的運動。並且，如果其中的一點（即太陽這個中心）位於其軌道上的某處，比如圖中所示的最下端，則系統中的每一點也都將位於各自軌道的最下端。由於圖幅狹窄，金星的三個圓周只能姑且合爲一個。

第三，請讀者回想一下，我在二十二年前出版的《宇宙的奧祕》一書中曾經講過，圍繞太陽旋轉的行星或圓軌道的數目是智慧的造物主根據五種正立體擇取的。歐幾里得（Euclid）在許多個世紀以前就寫了一本書論述這些正立體，因其由一系列命題所組成，故名爲《幾何原本》（*Elements*）。但我在本

中圖
湯瑪斯・狄格斯所作的關於哥白尼體系的一幅十六世紀畫作。

克卜勒用地球的各種相對位置來計
算火星的真軌道。

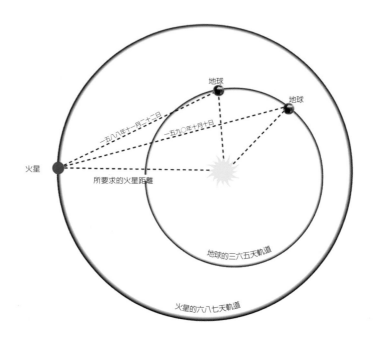

書的第二卷中已經闡明,不可能存在更多的正立體,也就是說,
正平面圖形不可能以五種以上的方式構成一個立體。

　　第四,至於行星軌道之間的比例關係,很容易想見,相鄰
的兩條行星軌道之比近似地等於某種正立體的單一比例,即它
的外接球與內切球之比。但正如我曾就天文學的最終完美所大
膽保證的,它們並非精確地相等。在根據第谷・布拉赫的觀測
最終證實了這些距離之後,我發現了如下事實:如果置立方體
的各角於土星的內圓,則立方體各面的中心就幾乎觸及木星的
中圓;如果置四面體的各角於木星的內圓,則四面體各面的中
心就幾乎觸及火星的外圓;同樣,如果八面體的角張於金星的
任一圓上(因為三個圓都擠在一個非常狹小的空間裏),則八
面體各面的中心就會穿過並且落在水星外圓的內部,但還沒有
觸及水星中圓;最後,與十二面體及二十面體的外接圓與內切
圓之比——這些比值彼此相等——最接近的,是火星與地球的
各圓周、以及地球與金星的各圓周之間的比值或間距。而且,

倘若我們從火星的內圓算到地球的中圓，從地球的中圓算到金星的中圓，則這兩個間距也幾乎是相等的，因為地球的平均距離是火星的最小距離與金星的平均距離的比例中項。然而，行星各圓周間的這兩個比值還是大於多面體的這兩對圓周間的比值，所以正十二面體各面的中心不能觸及地球的外圓，正二十面體各面的中心不能觸及金星的外圓。而且這一裂隙還不能被地球的最大距離與月球軌道半徑之和，以及地球的最小距離與月球軌道半徑之差所填滿。不過，我發現還存在著另一種與多面體有關的關係：如果把一個由十二個五邊形所組成，從而十分接近於那五種正立體的擴展了的正十二面體（我稱之為「海膽」）的十二個頂點置於火星的內圓上，則五邊形的各邊（它們分別是不同的半徑或點的基線）將與金星的中圓相切。簡而言之，立方體和與之共軛的八面體完全沒有進入它們的行星天球，十二面體和與之共軛的二十面體略微進入它們的行星天球，而四面體則剛好觸及兩個行星天球：行星的距離在第一種情況下存在虧值，在第二種情況下存在盈值，在第三種情況下則恰好相等。

由此可見，僅由正多面體並不能推導出行星與太陽的距離之間的實際比例。這正如柏拉圖所說，幾何學的眞實發源地，即造物主「實踐永恆的幾何學」，從不偏離他自身的原型。的確，這一點也可由如下事實得出：所有行星都在固定的週期內改變著各自的距離，每顆行星都有兩個與太陽之間的特徵距離，即最大距離與最小距離。因此，對於每兩顆行星到太陽的距離可以進行四重比較，即最大距離之比、最小距離之比、彼此相距最遠時的距離之比、彼此相距最近時的距離之比。這樣，對於所有兩兩相鄰的行星的組合，共得二十組比較，而另一方面，正多面體卻總共只有五種。有理由相信，如果造物主注意到了所有軌道的一般關係，那麼祂也將注意到個別軌道的距離

根據正立體幾何學所確立的宇宙體
系，選自克卜勒的《世界的和諧》
（Linz，一六一九）。

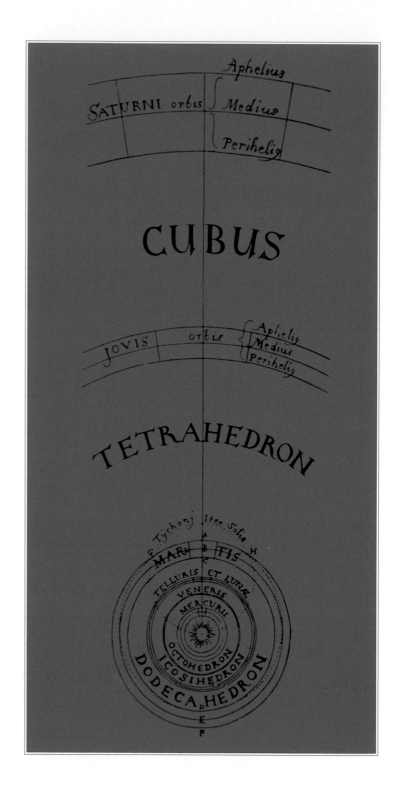

變化，並且兩種情況下所給予的關注是同樣的，而且是彼此相關的。只要我們認眞考慮這一事實，就必定能夠得出以下結論：要想同時確定軌道的直徑與離心率，除了五種正立體以外，還需要有另外一些原理作補充。

第五，爲了得出能夠確立起和諧性的各種運動，我再次提請讀者銘記我在《火星評注》（*Commentaries on Mars*）中根據第谷‧布拉赫極爲可靠的觀測記錄已經闡明的如下事實：行星經過同一偏心圓上的等周日弧的速度是不相等的；隨著與太陽這個運動之源的距離的不同，它經過偏心圓上相等弧的時間也不同；反之，如果每次都假定相等的時間，比如一自然日，則同一偏心圓軌道上與之相應的眞周日弧與各自到太陽的距離成反比。同時我也闡明了，行星的軌道是橢圓形的，太陽這個運之源位於橢圓的其中一個焦點上；由此可得，當行星從遠日點開始走完整個圓軌道的四分之一的時候，它與太陽的距離恰好等於遠日點的最大值與近日點的最小值之間的平均距離。由這兩條原理可知，行星在其偏心圓上的周日平均運動與當它位於從遠日點算起的四分之一圓周的終點時的暫態眞周日弧相同，儘管該實際四分之一圓周似乎較嚴格四分之一圓周爲小。進一步可以得到，偏心圓上的任何兩段眞周日弧，如果其中一段到遠日點的距離等於另一段到近日點的距離，則它們的和就等於兩段平周日弧之和；因此，由於圓周之比等於直徑之比，所以平周日弧與整個圓周上所有平周日弧（其長度彼此相等）總和之比，就等於平周日弧與整個圓周上所有眞偏心弧的總和之比。平周日弧與眞偏心弧的總數相等，但長度彼此不同。當我們預先瞭解了這些有關眞周日偏心弧和眞運動的內容之後，就不難理解從太陽上觀察到的視運動了。

第六，然而，關於從太陽上看到的視弧，從古代天文學就可以知道，即使幾個眞運動完全相等，當我們從宇宙中心觀測

時，距中心較遠（例如在遠日點）的弧也將顯得小些，距中心較近（例如在近日點）的弧將顯得大些。此外，正如我在《火星評注》中已經闡明的，由於較近的真周日弧因速度較快而大一些，在較遠的遠日點處的真周日弧因速度較慢而小一些，由此可以得到，偏心圓上的視周日弧恰好與其到太陽距離的平方成反比。舉例來說，如果某顆行星在遠日點時距離太陽爲十個單位（無論何種單位），而當它到達近日點從而與太陽相沖時，距離太陽爲九個單位，那麼從太陽上看去，它在遠日點的視行程與它在近日點的視行程之比必定爲 81：100。

但上述論證要想成立，必須滿足如下條件：首先，偏心弧不大，從而其距離變化也不大，也就是說從拱點到弧段終點的距離改變甚微；其次，離心率不太大，因爲根據歐幾里得《光學》的定理八，離心率越大（即弧越大），其視運動角度的增加較之其本身朝著太陽的移動也越大。不過，正如我在我的《光學》第十一章中所指出的，如果弧很小，那麼即使移動很大的距離，也不會引起角度明顯的變化。然而，我之所以提出這些條件，還有另外的原因。從日心觀測時，偏心圓上位於平近點角附近的弧是傾斜的，這一傾斜減少了該弧視象的大小，而另一方面，位於拱點附近的弧卻正對著視線方向。因此當離心率很大時，似乎只有對於平均距離，運動才顯得同本來一樣大小，倘若我們不經減小就把平均周日運動用到平均距離上，那麼各運動之間的關係顯然就會遭到破壞，這一點將在後面水星的情形中表現出來。所有這些內容，在《哥白尼天文學概要》第五卷中都有相當多的論述，但仍有必要在此加以說明，因爲這些論題所觸及的正是天體和諧原理本身。

第七，倘若有人思考地球而非太陽上的觀察者所看到的周日運動（《哥白尼天文學概要》的第六卷討論了這些內容），他就應當知道，這一問題尚未在目前的探討中涉及。顯然，這

既是毋須考慮的，因爲地球不是行星運動的來源；同時也是無法考慮的，因爲這些相對於虛假視象的運動，不僅會表現爲靜止或停留，而且還會表現爲逆行。於是，如此種種不可勝數的關係就同時被平等地歸於所有的行星。因此，爲了能夠弄清楚建立於各個眞偏心軌道周日運動基礎上的內在關係究竟如何（儘管在太陽這個運動之源上的觀測者看來，它們本身仍然是視運動），我們首先必須從這種內在運動中分離出全部五顆行星所共有的外加的周年運動，而不管此種運動究竟是像哥白尼所宣稱的那樣，起因於地球本身的運動，還是如第谷所宣稱的那樣，起因於整個系統的周年運動。同時，必須使每顆行星的固有運動完全脫離外表的假像。

第八，至此，我們已經討論了同一顆行星在不同時間所走過的不同的弧。現在，我們必須進一步討論如何對兩顆行星的運動進行比較。這裏先來定義一些今後要用到的術語。我們把上行星的近日點和下行星的遠日點稱爲兩行星的**最近拱點**，而不管它們是朝著同一天區，還是朝著不同的乃至相對的天區運行。我們把行星在整個運行過程中最快和最慢的運動稱爲**極運動**，把位於兩行星最近拱點處（即上行星的近日點和下行星的遠日點）的運動稱爲**收斂極運動或逼近極運動**，把位於相對拱點處（即上行星的遠日點和下行星的近日點）的運動稱爲**發散極運動或遠離極運動**。我在二十二年前由於有些地方尚不明瞭而置於一旁的《宇宙的奧祕》中的一部分，必須重新加以完成並在此引述。因爲借助於第谷・布拉赫的觀測，通過黑暗中的長期摸索，我弄清楚了天球之間的眞實距離，並最終發現了軌道週期之間的眞實比例關係。這眞是——

> 雖已姍姍來遲，仍在徘徊觀望，
> 歷盡茫茫歲月，終歸如願臨降。

倀若問及確切的時間，應當說，這一思想發軔於今年，即西元一六一八年的三月八日，但當時的計算很不順意，遂當作錯誤置於一旁。最終，五月十五日來臨了，我又發起了一輪新的衝擊。思想的暴風驟雨一舉掃除了我心中的陰霾，我在第谷的觀測上所付出的十七年心血與我現今的冥思苦想之間獲得了圓滿的一致。起先我還當自己是在做夢，以為基本前提中就已經假設了結論，然而，這條原理是千真萬確的，即任何兩顆行星的週期之比恰好等於其自身軌道平均距離的3/2次方之比，儘管橢圓軌道兩直徑的算術平均值較其長徑稍小。舉例來說，地球的週期為一年，土星的週期為三十年，如果取這兩個週期之比的立方根，再把它平方，得到的數值剛好就是土星和地球到太陽的平均距離之比。[1]因為1的立方根是1，再平方仍然是1；而30的立方根大於3，再平方則大於9，因此土星與太陽的平均距離略大於日地平

均距離的九倍。在第九章中我們將會看到,這個定理對於導出離心率是必不可少的。

第九,如果你現在想用同一把碼尺測量每顆行星在充滿乙太的天空中所實際走過的周日行程,你就必須對兩個比值進行複合,其一是偏心圓上的真周日弧(不是視周日弧)之比,其二是每顆行星到太陽的平均距離(因為這也就是軌道的大小)之比。換言之,必須把每顆行星的真周日弧乘以其軌道半徑。只有這樣得到的乘積,才能用來探究那些行程之間是否可以構成和諧比例。

第十,為了能夠真正知道,當從太陽上看時這種周日行程的視長度有多大(儘管這個值可以從天文觀測直接獲得),你只要把行星所處的偏心圓上任意位置的真距離(而不是平均距離)的反比乘以行程之比,即把上行星的行程乘以下行星到太陽的距離,而把下行星的行程乘以上行星到太陽的距離,就可以得出所需的結果。

中圖
第谷・布拉赫的烏拉尼堡天文臺中的壁畫。

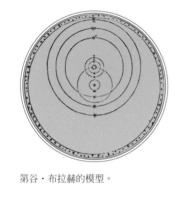

第谷·布拉赫的模型。

　　第十一，同樣，如果已知一行星在遠日點的視運動、另一行星在近日點的視運動，或者已知相反的情況，那麼就可以得出一行星的遠日距與另一行星的近日距之比。然而在這裏，平均運動必須是預先知道的，即兩個週期的反比已知，由此即可推出前面第八條中所說的那個軌道比值：如果取任一視運動與其平均運動的比例中項，則該比例中項與其軌道半徑（這是已經知道的）之比就恰好等於平均運動與所求的距離或間距之比。設兩行星的週期分別是 27 和 8，則它們之間的平均周日運動之比就是 8：27。因此，其軌道半徑之比將是 9：4，這是因為 27 的立方根是 3，8 的立方根是 2，而 3 與 2 這兩個立方根的平方分別是 9 與 4。現在設其中一行星在遠日點的視運為 2，另一行星在近日點的視運動為 $33\frac{1}{3}$。平均運動 8 和 27 與這些視運動的比例中項分別等於 4 和 30。因此，如果比例中項 4 給出該行星的平均距離 9，那麼平均運動 8 就給出對應於視運動 2 的遠日距 18；並且如果另一個比例中項 30 給出另一行星的平均距離 4，那麼該行星的平均運動 27 就給出了它的近日距 $3\frac{3}{5}$。由此，我得到前一行星的遠日距與後一行星的近日距之比為 18：$3\frac{3}{5}$。因此顯然，如果兩行星極運動之間的和諧已經發現，二者的週期也已經確定，那麼就必然能夠導出其極距離和平均距離，並進而求出離心率。

　　第十二，由同一顆行星的各種極運動也可以求出其平均運動。嚴格說來，平均運動既不等於極運動的算術平均值，也不等於其幾何平均值，然而它少於幾何平均值的量卻等於幾何平均值少於算術平均值的量。設兩種極運動分別為 8 和 10，則平均運動將小於 9，而且小於 80 的平方根的量等於 9 與 80 的平方根兩者之差的一半。再設遠日運動為 20，近日運動為 24，則平均運動將小於 22，而且小於 480 的平方根的量等於 22 與 480 的平方根之差的一半。這條定理在後面將會用到。

　　第十三，由上所述，我們可以證明如下命題，它對於我們今後的工作將是不可或缺的：由於兩行星的平均運動之比等於其軌道的3/2次方之比，所以兩種視收斂極運動之比總小於與極運動相應的距離的3/2次方之比；這兩個相應距離與平均距離或軌道半徑之比乘得的積小於兩軌道的平方根之比的數值，將等於兩收斂極運動之比大於相應距離之比的數值；而如果該複合比超過了兩軌道的平方根之比，則收斂運動之比就將小於其距離之比。[2]

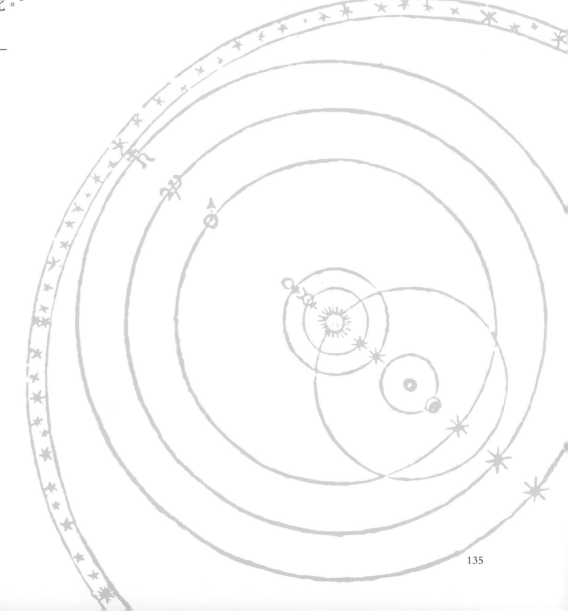

第四章　造物主在哪些與行星運動有關的事物中表現了和諧比例，方式為何

如果把行星逆行和停留的幻象除去，使它們在其眞實偏心軌道上的眞實突顯出來，則行星還剩下這樣一些特徵項：(1)與太陽之間的距離；(2)週期；(3)周日偏心弧；(4)在那些弧上的周日時耗（delay）；(5)它們在太陽上所張的角，或者相對於太陽上的觀測者的視周日弧。在行星的整個運行過程中，除週期以外，所有這些項都是可變的，而且在平黃經處變化最大，在極點處變化最小，此時行星正要從其中的一極轉向另一極。因此，當行星位於很低的位置或與太陽相當接近時，它在其偏心軌道上走過一度的耗時很少，而在一天之中走過的偏心弧卻很長，從太陽上看運動很快。此後，行星的運動將這樣持續一段時間，而不發生明顯的改變，直到通過了近日點，行星與太陽的直線距離才漸漸開始增加。同時，行星在其偏心軌道上走過一度的耗時也越來越長，或若考慮周日運動，從太陽上看去，行星每天的行進將越來越少，走得也越來越慢，直至到達高拱點，距離太陽最遠爲止。此時，行星在偏心軌道上走過一度的時耗最長，而在一天之中走過的弧最短，視運動也是整個運行過程中最小的。

最後，所有這些特徵項既可以屬於處於不同時間的同一顆行星，又可以屬於不同的行星。所以倘若假定時間爲無限長，某一行星軌道的所有狀態都可以在某一時刻與另一行星軌道的所有狀態相一致，並且可以相互比較，則它們的整個偏心軌道之比將等於其半徑或平均距離之比。但是兩條偏心軌道上被指定爲相等或具有同一（度）數的弧卻代表不同的眞距離，比如土星軌道上 1 度的長度大約等於木星軌道上 1 度的長度的兩倍。而另一方面，用天文學數值所表示的偏心軌道上的周日弧之比，也並不等於行星在一天之中穿過乙太的眞距離之比，因

「水手十號」正在經過水星。

為同樣的單位度數在上行星較寬的圓上表示較大的路徑，在下
行星較窄的圓上表示較小的路徑。

**第七章　所有六顆行星的普遍和諧比例可以像普通的四聲部
　　　　對位那樣存在**

　　現在，烏拉尼亞，當我沿著天體運動的和諧的階梯向更高
的地方攀登，而世界構造的真正原型依然隱而不現時，我需要
有更宏大的聲音。隨我來吧，現代的音樂家們，按照你們的技

藝來判斷這些不爲古人所知的事情。從不吝惜自己的大自然，在經過了二千年的分娩之後，最後終於向你們第一次展示出了宇宙整體的眞實形象。通過你們對不同聲部的協調，通過你們的耳朵，造物主最心愛的女兒已經低聲向人類的心智訴說了她內心最深處的祕密。

（如果我向這個時代的作曲家索要一些代替這段銘文的經文歌，我是否有罪呢？高貴的《詩篇》以及其他神聖的書籍能夠爲此提供一段合適的文本。可是，哎，天上和諧的聲部卻不會超過六個。月球只是孤獨地吟唱，就像在一個搖籃裏偎依在地球旁。在寫這本書的時候，我保證會密切地關注這六個聲部。如果有任何人表達的觀點比這部著作更接近於天體的音樂，克利俄定會給他戴上花冠，而烏拉尼亞也會把維納斯許配給他做新娘。）

前已說明，兩顆相鄰行星的極運動將會包含哪些和諧比例。但在極少數情況下，兩顆運動最慢的行星會同時達到它們的極距離。例如，土星和木星的拱點大約相距81°。因此，儘管它們之間的這段二十年的跨越要量出整個黃道需要八百年的時間，[3]但是結束這八百年的跳躍並不精確地到達實際的拱點；如果它有稍微的偏離，那麼就還要再等八百年，以尋求比前一次更加幸運的跳躍；整條路線被一次次地重複，直到偏離的程度小於一次跳躍長度的一半爲止。此外，還有另一對行星的週期也類似於它，儘管沒有這麼長。但與此同時，行星對的運動的其他和諧比例也產生了，不過不是在兩種極運動之間，而是在其中至少有一個是居間運動的情況下；那些和諧比例就好像存在於不同的調音中。由於土星從G音擴展到稍微過b音一些，木星從b音擴展到稍微過d音一些，所以在木星與土星之間可以存在以下超過一個八度的協和音程：大三度、小三度和純四度。這兩個三度中的任何一個都可以通過涵蓋了另一個

羅伯特·弗拉德的一幅十七世紀畫作，它把宇宙描繪成一個單弦琴。許多人都贊同克卜勒關於一個和諧宇宙的看法。

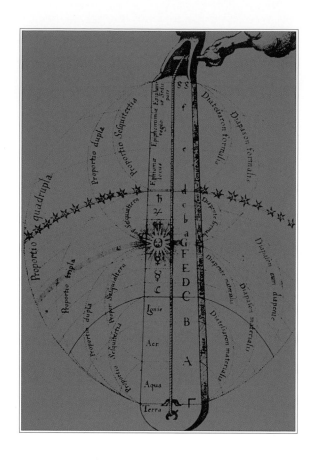

三度的幅度的調音而產生，而純四度則是通過涵蓋了大全音的幅度的調音而產生的。因為不僅從土星的*G*音到木星的*cc*音，而且從土星的*A*音到木星的*dd*音，以及從土星的*G*音和*A*音之間的所有居間的音到木星的*cc*音和*dd*音之間的所有居間的音都將是一個純四度。然而，八度和純五度僅在拱點處出現。但固有音程更大的火星卻得到了它，以使其與外行星之間也通過某種調音幅度形成了一個八度。水星得到的音程很大，足以使其在不超過三個月的　個週期裏與所有行星建立幾乎所有的諧和音程。而另一方面，地球特別是金星由於固有音程窄小，所以不僅限制了它們與其他行星之間形成的諧和音程，而且彼此之間建立起來的諧和音程也寥寥無幾。但是，如果三顆行星要組

弗蘭奇諾・伽法里的《音樂實踐》
（米蘭，一四九六）首頁。

合成一種和諧，那麼就必須來回運轉許多圈。然而，由於存在
著許多個諧和音程，所以當所有最近的行星都趕上它們的鄰居
時，這些音程就更容易產生了；火星、地球和水星之間的三重
和諧似乎出現得相當頻繁，但四顆行星的和諧則要幾百年出現
一回，而五顆行星之間的和諧就要幾千年見一回了。

　　而所有六顆行星都處於和諧則需要等非常長的時間；我不
知道它是否有可能通過精確的運轉而出現兩次，或者它是否指
向了時間的某個起點，我們這個世界的每一個時代都是從那
裏傳下來的。

　　但只要六重和諧可以出現，哪怕只出現一次，那麼它無疑
就可以被看作創世紀的徵象。因此我們必須追問，所有六顆行

	Enneachorion I	Enneach. II	Enneach. III	Enneach. IV
Diapafon Ditoaus / Diapafon cum Touo / Diapafon / Heptachordon / Hexachordon / Diapente / Diateffaron / Ditonus / Tonus	*Mundus Archetyp.* DEVS	*Mundus Sidereus* Cœl.Emp.	*Mundus Mineralis*	*Lapides*
	Seraphim	Firmamen tum	Salia, ftellę Minerales.	Aftrites
	Cherubim	♄ Nete	Plumbum	Topazius
	Troni	♃ Paranete	Æs	Amethi-ftus
	Domina-tiones	♂ Parameſ.	Ferrum	Adamas
	Virtutes	☼ Meſe	Aurum	Pyropus
	Poteftates	♀ Lichanos	Stannum	Beryllu
	Principatus	☿ Parhypa.	Argentum Viuum	Achate Iaſp is
	Archangeli	☽ Hypate	Argentum	Selenite Cryftallu
	Angeli	Ter.c ūEle. Proslamb.	Sulphur	Magnes

星的運動都組合成一種共同的和諧的樣式到底有多少種？探索的方法是：從地球和金星開始，因為這兩顆行星形成的諧和音程不超過兩種，而且這兩種音程（它包含了造成這種現象的原因）是通過運動的短暫的一致取得的。

因此，讓我們建立起兩種和諧的框架，每種框架都是由若干對極運動的數值限定的（通過這些數值，調音的界限就被指

	Enneach. VI	Enneach. VII	Enneach. VIII	Enneach. IX	Enneach. X
	Arbores	Aquatilia	Volucria	Quadrupepedia	Colores varij
& l.	Frutices Bacciferę	Pisces stellares	Gallina Pharaonis	Pardus	Diuersi Colores
)-	Cypressus	Tynnus	Bubo	Asinus, Vrsus	Fuscus
ca	Citrus	Acipenser	Aquila	Elephas	Roseus
hiū	Quercus	Psyphias	Falco Accipiter	Lupus	Flammeus
rop	Lotus, Laurus	Delphinus	Gallus	Leo	Aureus
m	Myrtus	Truta	Cygnus Columba	Ceruus	Viridis
ia	Maluspunica	Castor	Psittacus	Canis	Cæruleus
ria	Colutea	Ostrea	Anates Anseres	Ælurus	Candidus
na	Frutices	Anguilla	Struthio camelus	Insecta	Niger

宇宙作為一種基於 9 的和諧安排。選自阿塔納修斯・基爾舍的 *Musurgia Universalis*（羅馬，一五六〇）。

定了）。讓我們從每顆行星被准許的各種運動中尋找哪些是與之相符的。

（張卜天　譯）

伊薩克・牛頓 *(1642-1727)*

生平與著作

一六七六年二月五日,伊薩克・牛頓寫了一封信給他尖刻的敵人羅伯特・胡克,其中有這麼一句話,「如果說我看得比別人更遠,那是因為我站在了巨人的肩上。」這句話已經成為科學史上最膾炙人口的名言,一般認為是牛頓承認了他的前人哥白尼、伽利略和克卜勒的科學發現。的確,有時在公開場合,有時在私下場合,牛頓承認這些人的貢獻。但是在寫給胡克的這封信中,牛頓所指的是光學理論,特別是關於薄膜現象的研究,胡克和萊內・笛卡兒(René Descartes)都對此做出過重要貢獻。

有些學者把這句話解釋為牛頓對胡克的一種婉轉的羞辱,因為胡克那躬駝的體形和五短身材實在是與巨人相去甚遠,特別是在報復心極重的牛頓的眼裏。然而,儘管他們之間齟齬良多,牛頓在那封信的結尾處還是採用了一種更加溫和的語氣,謙卑地承認了胡克和笛卡兒兩人的研究的價值。

人們一般認為,伊薩克・牛頓是無窮小微積分、力學、行星運動,以及光和顏色理論研究之父,但是他本人的歷史地位還是由他對於萬有引力的描述、提出運動和吸引的定律來決定的,這些成就記載在他的里程碑著作《自然哲學之數學原理》(*Philosophiae Naturalis Principia Mathematica*,通常簡稱為《原

對頁

義大利耶穌會士喬萬尼－巴蒂斯塔・里喬利所寫的一本書的首頁，這本書在伽利略受審之後反駁了哥白尼理論。

天文學正在權衡哥白尼的模型和里喬利的模型，並且發現里喬利的模型是最好的。當牛頓出生時，這仍然是官方的看法。

理》）中。牛頓在這部著作裏把哥白尼、伽利略、克卜勒和其他人的科學貢獻融會入一部嶄新的動態交響樂中。《原理》，第一部理論物理學的巨著，被公認為科學史上以及奠定現代科學世界觀基礎的最重要著作。

牛頓只用了十八個月就寫成了組成《原理》的三卷，而且令人驚訝的是，其間他多次深受情感重創——似乎還夾雜著他與其競爭者胡克之間的衝突。報復心令他走得如此之遠，他甚至在書中刪除了所有與胡克的工作有關的文字。然而，他對同行科學家的痛恨也許正是《原理》的靈感之源。

對其著作最微弱的批評，哪怕是隱含在溢美之詞之中的，都會使牛頓陷入黑暗的孤僻中長達數月甚至數年之久。這種孤僻反映出牛頓的早年生活經歷。有些人據此猜測，如果不是膠著於個人爭鬥，牛頓會如何回答這些批評；另一些人則設想，牛頓的科學發現和成就正是他執著於記仇的結果，要是他少一些孤傲，他也許就不可能有如此的發現和成就。

還在他是一個小男孩的時候，伊薩克・牛頓就問過自己大量問題，人類早已被這些問題困惑了許久，而牛頓自己嘗試解答其中許多的問題。那是充滿發現的一生的開始，儘管不乏蹣跚的腳步。一六四二年的聖誕日，伊薩克・牛頓出生於一個英國工業城鎮，林肯郡的烏爾斯索普（Woolsthorpe），伽利略死於同一年。他太早產了，他的母親沒有指望他能活下來；他後來說自己出生時小得可以放進一夸脫的盆裏。牛頓的生父也叫伊薩克，死於他出生前的三個月。牛頓還不到兩歲時，他的母親漢娜・艾斯考夫（Hannah Ayscough）改嫁給來自北威特姆（North Witham）的富有牧師巴納巴斯・史密斯（Barnabas Smith）。

在史密斯的新家庭中很明顯沒有小牛頓的立身之地，他被送給外婆瑪格麗・艾斯考夫（Margery Ayscough）撫養。這場

十二歲的牛頓。

被遺棄的變故，加上他從沒見過自己的父親，一直是牛頓終生揮之不去的夢魘。他蔑視自己的繼父，在一六六二年的日記中，牛頓反思自己的罪惡，曾記錄有「恐嚇我的史密斯父母，要把他們燒死，燒死在房屋裏」。

與他的成年生活一樣，牛頓的幼年生活中充滿了尖刻、報復、攻擊的插曲，他不僅針對想像中的敵人，還針對朋友和家庭。他也很早顯露出後來成就他一生業績的好奇心，他對機械模型和建築繪圖很感興趣。牛頓花費無數時間製作時鐘、報時風箏、日晷和微型磨房（由小老鼠推動），還繪製了大量動物和船舶的複雜骨架圖片。五歲時，他到斯基靈頓和斯托克（Skillington and Stoke）的學校就讀，但是被認為是最差的學生之一，教師給的評語是「注意力不集中」和「懶惰」。儘管他有好奇心，表現出學習意願，卻不能專注於學業。

牛頓十歲那年，巴納巴斯·史密斯去世，漢娜繼承了史密斯大量財產。牛頓與外婆和漢娜以及同母異父的一個弟弟、兩個妹妹一同生活。因為他的學習成績乏善可陳，漢娜認為牛頓還不如離開學校回家管理農場和家產。她強迫牛頓從格蘭瑟姆（Grantham）的免費文科學校退學。對她來說不幸的是，牛頓在管理家產方面的才能和興趣甚至還不如他的學校功課。漢娜的兄長威廉（William），一位牧師，覺得與其讓心不在焉的牛頓留在家中，還不如讓他回到學校去完成學業。

這一回，牛頓住在免費文科學校校長約翰·斯托克斯（John Stokes）的家裏，他的學業似乎出現了一個急轉彎。有個校園痞子向他挑起了一場鬥毆，這件事令他猛醒。年輕的牛頓似乎開竅了，他扭轉了學校功課上的不良記錄。此時的牛頓展示了自己的過人才智和好奇心，打算要到大學深造。他要升入劍橋大學的三一學院，那是他舅父威廉的母校。

在三一學院，牛頓是個減費生，學校准許他做些雜務，諸

牛頓因被落下的蘋果砸到而發現引力的故事的漫畫。

如做餐廳侍應、清理員工房間之類抵償學費。不過在一六六四年他獲得獎學金，從此他得到資助脫離僕役身份。一六六五年腺鼠疫流行、學校關閉時，牛頓回到了林肯郡。這場鼠疫中他在家鄉住了十八個月，埋頭於力學和數學研究，開始集中思考光學和引力問題。正如牛頓本人所說，這個 "annus mirabilis"（神奇的年份）是他一生中最富於創造性的多產時期之一。也

牛頓在三一學院的房間裏用一個稜
鏡做實驗。

　　是大約在這個時期，據傳說，一個蘋果砸到了牛頓的頭上，把
正在樹下打瞌睡的他喚醒，啟發他提出萬有引力定律。無論這
個傳說有多麼牽強附會，牛頓本人確實寫到過一個下落的蘋果
使他「偶然想到」萬有引力定律，而人們也認為他正是在那個
時候進行了擺體實驗。牛頓晚年回憶道，「那時我正處於發明
的高峰期，思考數學和哲學比以後的任何時候都多。」

　　回到劍橋後，牛頓研究了亞里斯多德和笛卡兒的哲學，還
研究了湯瑪斯・霍布斯（Thomas Hobbs）和羅伯特・波以耳

（Robert Boyle）的哲學。他接受了哥白尼和伽利略的天文學，以及克卜勒的光學。在這一時期，牛頓開始做稜鏡試驗，研究光的折射和散射，地點可能在他三一學院的寢室或者他烏爾斯索普的家中。大學期間清晰而深遠影響牛頓的未來的事件是伊薩克・巴羅（Isaac Barrow）的到來，後者被任命為盧卡斯數學教授。巴羅認識到牛頓的傑出數學才能，當他一六六九年辭去教席轉謀神職時，他推薦當時二十七歲的牛頓作為繼任者。

牛頓繼任盧卡斯數學教授後，最初的研究主要集中在光學領域。他成功地證明了，白光由多種不同的光混合而成，每一種光在通過稜鏡後都會產生出不同顏色的光譜。他精心設計了一系列實驗，詳細證明光由微小粒子混合而成，這招致胡克等一些科學家的憤怒，胡克認為光是以波的形式傳播的。胡克向牛頓發出挑戰，要他提供更多的證據來說明他那離經叛道的理論，而牛頓的回應方式則是隨著他在學術界的日益成熟而對這個問題日益興味索然。他退出了這場爭鬥，轉而不放過在其他每一個場合羞辱胡克的機會，並且直到一七〇三年胡克去世，他才同意出版他的《光學》（Opticks）一書。

在他任盧卡斯數學教授早期，牛頓已經同時在研究數學，但是他只與很少幾位同行分享他的研究成果。還在一六六六年，他已經發現了解決曲率問題的一般方法——他稱之為「流數及反流數理論」。這個發現後來引爆了他和德國數學家與哲學家哥特弗里德・威廉・萊布尼茲（Gottfried Wilhelm Leibniz）的支持者之間的戲劇性爭鬥，萊布尼茲十多年後發表了關於微分和積分的發現。兩個人得到的數學原理大致相同，但萊布尼茲發表他的著作比牛頓要早。牛頓的支持者宣稱萊布尼茲在多年前讀到過牛頓的論文，於是兩大陣營爆發了一場熱度頗高的爭執，即著名的微積分優先權之爭，它一直持續到一七一六年萊布尼茲去世才告結束。牛頓對萊布尼茲惡意攻擊，經常上綱

女神阿爾忒彌斯（Artemis）手持
牛頓的一幅畫像。

上線到上帝觀和宇宙觀，加之關於剽竊的檢舉，令萊布尼茲百
口莫辯，名譽掃地。

　　絕大多數科學史家相信，他們兩人實際上各自獨立地做出
了這一發明，那場爭論其實是無的放矢。牛頓對萊布尼茲刻毒
的攻擊反過來也危害了牛頓自己的健康和情感。不久他又陷入
另一場爭鬥，這一回對手是英國耶穌會，關於他的顏色理論。
一六七八年，他的精神崩潰了。隨後一年，他的母親漢娜過世，
牛頓開始了離群索居。他祕密鑽研鍊金術，其實這個領域在牛
頓時代就已經被廣泛認為是無稽之談。對於許多牛頓研究者來
說，其科學生涯中的這一插曲實在難以啓齒，直到牛頓去世後
很久，他對化學實驗的興趣與他後來研究天體力學和萬有引力
之間的聯繫才慢慢顯現出來。

　　一六六六年，牛頓已經開始形成關於運動的理論，但那時
他還不能適當地解釋圓周運動的力學原因。早在大約五十年
前，德國數學家和天文學家約翰內斯・克卜勒就已經提出了行
星運動的三大定律，精確描述了行星圍繞太陽運動的情況，但
是他不能解釋為什麼行星要做這樣的運動。克卜勒理論裡距離
力的概念最近的地方是他說過太陽和行星之間由「磁性」聯繫
起來。

　　牛頓決定找出導致行星的橢圓軌道的原因。他把自己的向
心力定律應用到克卜勒行星運動第三定律（和諧定律）上，推
導出平方反比定律，這個定律指出，任何兩個物體之間的引力
反比於這兩個物體中心距離的平方。由此，牛頓認識到，引力
是無所不在的——正是同一種力，使得蘋果墜落地面，使得月
球被迫圍繞著地球運轉。於是，他運用當時已知的數據檢驗平
方反比關係，他接受了伽利略關於月球到地球的距離是地球半
徑的六十倍的假設，但是他本人對地球直徑的估計並不準確，
這使他不可能獲得滿意的驗證結果。諷刺的是，一六七九年，

又是他與老對手胡克的往來信件再次喚醒了他對這個問題的興
致。這一回,牛頓注意到克卜勒第二定律,等面積定律,他可
以證明它在向心力情況下為真。而胡克,也企圖證明行星軌道,
他寫的討論有關問題的一些信件特別令牛頓感興趣。

　　一六八四年,在一次有欠光彩的聚會中,英國皇家學會的
三個成員,羅伯特·胡克、艾德蒙德·哈雷(Edmond Halley)
和克里斯多夫·雷恩(Christopher Wren),著名的聖保羅大教
堂的建築師,展開了一場熱烈討論,議題是平方反比關係決定
著行星的運動。早在十七世紀七〇年代,在倫敦的咖啡館和其
他知識份子聚會地的談論話題中,就已經議論到太陽向四面八
方散發出引力,這引力以平方反比關係隨著距離遞減,隨著天

牛頓的《原理》。

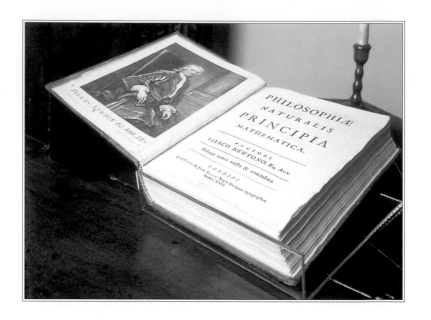

球的膨脹在天球表面處越來越弱。一六八四年聚會的結果是
《原理》的誕生。胡克聲稱,他已經從克卜勒的橢圓定律推導
出引力按平方反比關係隨距離遞減的證明,但是在準備好正式
發表以前,他不能給哈雷和雷恩看。憤怒之下,哈雷前往劍橋,
向牛頓訴說胡克的作為,然後提出了這樣一個問題:「如果一
顆行星被一種按距離的平方反比關係變化的力吸引向太陽,那
麼它環繞太陽的軌道應該是什麼形狀?」牛頓立即打趣地回答
說,「它還不就是橢圓。」然後牛頓告訴哈雷,他在四年前就
已經解決了這個問題,但是不知道把那證明放在了辦公室的什
麼地方。

在哈雷的請求下,牛頓用了三個月時間重寫並且改進了這
項證明。隨後,過人的才智噴瀉而出,長達十八個月之久。在
此期間,牛頓如此專注於工作,以致常常忘記吃飯。他把他的
思想發展推衍,一口氣寫滿整整三大卷。牛頓把他這部著作定
題為 *Philosophiae Naturalis Principia Mathematica*(《自然哲學
之數學原理》),刻意要與笛卡兒的 *Principia Philosophiae*(《哲

學原理》）做個比對。牛頓的三卷本《原理》在克卜勒的行星運動定律與現實物理世界之間建立起聯繫。哈雷對於牛頓的發現報之以「歡呼雀躍」，對哈雷來說，這位盧卡斯數學教授在所有其他人遭遇失敗的地方取得了成功。他個人出資資助了這部劃時代的鴻篇巨制的出版，把這當做是獻給全人類的禮物。

在伽利略發現物體被「拉」向地球中心的地方，牛頓努力證明了，正是這同一種力，引力，決定了行星的運行軌道。牛頓還對伽利略關於拋體運動的著作瞭若指掌，證明月球繞地球運動服從相同的原理。牛頓向人們表明，引力既能解釋和預言月球的運動，也能解釋和預言地球上海洋的潮起潮落。《原理》的第一卷包含著牛頓的運動三定律：

一、每一個物體都保持著它的靜止或勻速直線運動狀態，除非它受到作用於它之上的力而被迫改變那種狀態；

二、運動的變化正比於物體所受到的力，變化的方向與力所作用的方向相同；

三、每一種作用都總是受到相等的反作用；或者，兩個物體的相互作用總是相等的，作用的方向正好相反。

第二卷是牛頓對第一卷的擴充，原先的寫作計畫裏沒有這部分內容。它基本上是流體力學著作，給牛頓施展數學技巧留下了空間。在這一卷的結尾處，牛頓得出結論，笛卡兒提出的用於解釋行星運動的渦漩理論經不起仔細推敲，因為行星的運動不需要渦漩，完全可以在自由空間中進行。至於為什麼會這樣，牛頓寫道，「可以在第一卷中找到解答；我將在下一卷中對此作進一步論述。」

第三卷的標題是「宇宙體系（使用數學論述）」，牛頓通過把第一卷中的運動定律應用於物理世界得出結論，「對於一

切物體存在著一種力，它正比於各物體所包含的物質的量。」
由此他向人們演示，他的萬有引力定律可以解釋當時已知的六
大行星的運動，以及月球、彗星、春秋分點和海洋潮汐的運動。
這個定律說，所有物體都是相互吸引的，吸引的力正比於它們
的質量，反比於它們之間距離的平方。牛頓只用了一組定律，
就把地球上的所有運動與天空中可觀測的運動聯繫起來。在第
三卷「推理的規則」中，牛頓寫道：

對頁
十八世紀所作的對牛頓引力理論的
諷刺漫畫。

> 尋求自然事物的原因，不得超出真實和足以解釋其現
> 象者。因此對於相同的自然現象，必須盡可能地尋求相同
> 的原因。

正是這後一條規則把天體和地球實際聯繫在一起。在亞里
斯多德學者的眼光看來，天體的運動與地球物體的運動服從於
不同的自然規律，因而牛頓的第二條推理規則是不正確的。牛
頓看待世界的眼光有所不同。

《原理》自一六八七年出版伊始就廣受好評，但是它的第
一版大約只刊印了五百本。然而，牛頓的死敵羅伯特・胡克打
定主意要剝奪牛頓所能享受到的任何光環。當牛頓寫成第二卷
時，胡克公開宣稱，他於一六七九年寫給牛頓的信件為牛頓的
發現提供了關鍵性的科學思想。胡克的要求儘管不無道理，但
是牛頓極感厭惡，牛頓揚言要推遲甚至放棄出版第三卷。牛頓
最終通融了，出版了《原理》的最後一卷，但在出版前不辭辛
勞地逐一刪除了書中出現的胡克的名字。

牛頓對胡克的痛恨困擾著他的餘生。一六九三年，他再次
遭受精神崩潰的沉重打擊，中止了研究。直到一七○三年胡克
去世，他始終沒在英國皇家學會露面。胡克一死，他就當選為
英國皇家學會主席，此後他每年都連選連任，直到一七二七年

去世。在胡克去世前，他也一直沒有出版他的《光學》，這是他關於光和顏色研究的重要著作，也是他影響最爲深遠的著作。

牛頓在十八世紀初以英國皇家造幣廠督察身份擔任政府職務。在這個職位上，他把他的煉金術研究應用於重建英國貨幣的誠信。他以英國皇家學會主席身份，用一種異乎尋常的威權，一如既往地與想像中的敵人戰鬥，特別是與萊布尼茲進行曠日持久的爭奪微積分發明權的鬥爭。安妮女王（Queen Anne）於一七〇五年冊封他爲爵士，他生前看到了他《原理》的第二版和第三版的出版。

伊薩克・牛頓因爲肺炎和痛風死於一七二七年三月。如他所願，他在科學領域裏已沒有敵手。作爲男人，他終生沒有與女人發生過明顯的風流韻事〔有些歷史學家懷疑他與一些男人之間有某種曖昧關係，如瑞士自然哲學家尼古拉斯・法西奧・德丟列（Nicholas Fatio de Duillier）〕，然而，這並不能說明他對工作缺乏熱情。與牛頓同時代的詩人亞歷山大・波普（Alexander Pope），用最優雅的文字描寫了這位思想家獻給人類的禮物：

> 自然和自然的定律隱藏在黑暗裏，
> 上帝說，「讓牛頓去吧，於是一切變得光明。」

牛頓的一生，可謂瑣碎的爭執和無可否認的傲慢自大俯拾皆是，但是他在臨近生命終點時對自己的成就的評價，竟是謙遜得近乎於苛求：「我不知道這世界將怎樣看待我，但是對於我自己來說，我只不過像是一個小男孩，偶爾撿拾到一塊比普通的更光滑一些的卵石或者更漂亮一些的貝殼而已，而對於眞理的汪洋大海，我還一無所知。」

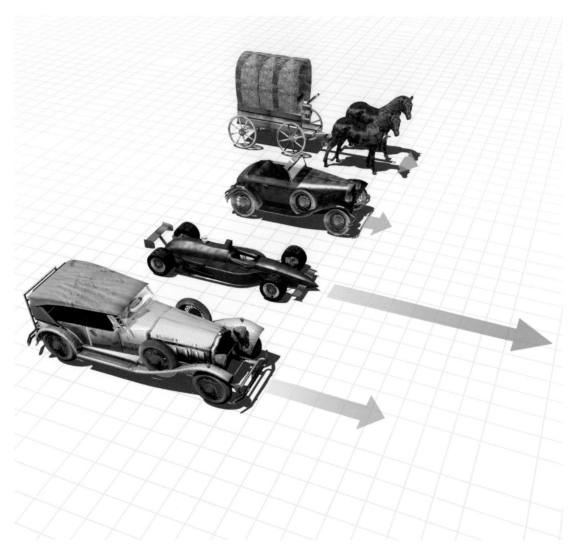

牛頓第二定律說，一個物體的加速度或速度的變化率將與它所受到的力成正比。一個物體的質量越大，其加速度越小。一輛擁有250制動馬力的汽車的加速將比一輛擁有25制動馬力的汽車更大。

自 然 哲 學 之 數 學 原 理

運動的公理或定律

定律 I：每個物體都保持其靜止或勻速直線運動的狀態，除非有外力作用於它迫使它改變那個狀態。

　　拋射體如果沒有空氣阻力的阻礙或重力向下牽引，將維持射出時的運動。陀螺的凝聚力不斷使其各部分偏離直線運動，如果沒有空氣的阻礙，就不會停止旋轉。行星和彗星一類較大物體，在自由空間中沒有什麼阻力，可以在很長時間裏保持其前行的和圓周的運動。

定律 II：運動的變化正比於外力，變化的方向沿外力作用的直線方向。

　　如果某力產生一種運動，則加倍的力產生加倍的運動，三倍的力產生三倍的運動，無論這力是一次施加的還是逐次施加的。而且如果物體原先是運動的，則它應加上或減去原先的運動，這由它的方向與原先運動一致或相反來決定。如果它是斜向加入的，則它們之間有夾角，由二者的方向產生出新的複合運動。

定律Ⅲ：每一種作用都有一個相等的反作用；或者，兩個物體間的相互作用總是相等的，而且指向相反。

不論是拉還是壓另一個物體，都會受到該物體同等的拉或是壓。如果用手指壓一塊石頭，則手指也受到石頭的壓。如果馬拉一繫於繩索上的石頭，則馬（如果可以這樣說的話）也同等地被拉向石頭，因為繃緊的繩索同樣企圖使自身放鬆，將像它把石頭拉向馬一樣同樣強地把馬拉向石頭，它阻礙馬前進就像它拉石頭前進一樣強。

如果某個物體撞擊另一物體，並以其撞擊力使後者的運動改變，則該物體的運動也（由於互壓等同性）發生一個同等的變化，變化方向相反。這些作用造成的變化是相等的，但不是速度變化，而是指物體的運動變化，如果物體不受到任何其他阻礙的話。由於運動是同等變化的，所以向相反方向速度的變化反比於物體。本定律在吸引力情形也成立，我們將在附注中證明。

推論Ⅰ：物體同時受兩個力作用時，其運動將沿平行四邊形對角線進行，所用時間等於二力分別沿兩個邊所需。

如果物體在給定的時刻受力M作用離開處所A，則它應以均勻速度由A運動到B，如果物體受力N作用離開A，則它應由A到C。作$\square ABDC$，使兩個力共同作用，則物體在同一時間沿對角線由A運動到D。因為力N沿AC線方向作用，它平行於BD，（由定律Ⅱ）將完全不改變使物體到達線BD的力M所產生的速度，所以物體將在同一時刻到達BD，不論力N是否產生作用。所以在給定時間終了時物體將處於線BD某處；同理，在同一時間終了時物體也處於線CD上某處。因此，它處於D點，兩條線交會處。但由定律Ⅰ，它將沿直線由A到D。

推論 II：由此可知，任何兩個斜向力 AC 和 CD 複合成一直線力 AD；反之，任何一直線力 AD 可分解為兩個斜向力 AC 和 CD：這種複合和分解已在力學上充分證實。

　　如果由輪的中心O作兩個不相等的半徑OM和ON，由繩MA和NP懸掛重量A和P，則這些重量所產生的力正是運動輪子所需要的。通過中心O作直線KOL，並與繩在K和L點垂直相交；再以OK和OL中較長的OL爲半徑以O爲中心畫一圓，與繩MA相交於D；連接OD，作AC平行OD，DC垂直於OD。現在，繩上的點K、L、D是否固定在輪上已無關緊要，重量懸掛在K、L點或者D、L點效果是相同的。以線段AD表示重量A的力，並把它分解爲力AC和CD，其中力AC與由中心直接引出的半徑OD同向，對轉動輪子不做貢獻；但另一個力DC與半徑DO垂直，它對轉動輪子的貢獻與把它懸在與OD相等的半徑OL上相同，即其效果與重量P相同，如果

　　$P：A＝DC：DA$，
　　但由於$\triangle ADC$與$\triangle DOK$相似，

　　$DC：DA＝OK：OD＝OK：OL$
　　因此，

　　$P：A＝$半徑$OK：$半徑OL

這兩個半徑同處一條直線上，作用等效，因此是平衡的，這就是著名的平衡、槓桿和輪子的屬性。如果該比例中一個力較大，則其轉動輪子的力同等增大。

　　如果重量$p＝p$部分懸掛在線Np上，部分懸掛在斜面pG上，作pH、NH，使前者垂直於地平線，後者垂直於斜面pG，如果把指向下的重量p的力以線pH來表示，則它可以分解爲力pN、HN。如果有一個平面pQ垂直於繩pN，與另一平面相交，相交線平行於地平線，則重量p僅由pQ、pG支撐，它分別以

pN、HN垂直壓迫這兩平面，即平面pQ受力pN，平面pG受力HN。所以，如果抽去平面，則重量將拉緊繩子，因為它現在取代抽去了的平面懸掛著重量，它受到的張力就是先前壓平面的力pN，所以

pN的張力：PN的張力＝線段pN：線段pH

因此，如果p與A的比值是pN和AM到輪中心的最小距離的反比與pH和pN的比的乘積，則重量p與A轉動輪子的效果相同，而且相互維持，這很容易得到實驗驗證。

不過重量p壓在兩個斜面上，可以看做是被一個楔劈開的物體的兩個內表面，由此可以確定楔和槌的力：因為重量p壓平面pQ的力就是沿線段pH方向的力，不論它是自身重力或者槌子敲的力在兩個平面上的壓力，即

pN：pH

以及在另一個平面pG上的壓力，即

pN：NH

據此也可以把螺釘的力作類似分解，它不過是由槓桿力推動的楔子。所以，本推論應用廣泛而久遠，而其眞理性也由之得以進一步確證。因為依照所有力學準則所說的以各種形式得到不同作者的多方驗證，由此也不難推知由輪子、滑輪、槓桿、繩子等構成的機械力，和直接與傾斜上升的重物的力，以及其他的機械力，還有動物運動骨骼的肌肉力。

對頁
牛頓於一六六八年製造的第一臺反射式望遠鏡的草圖。

推論 III：由指向同一方向的運動的和以及由相反方向的運動的差所得的運動的量，在物體間相互作用中保持不變。

根據定律 III，作用與反作用方向相反、大小相等，而根據定律 II，它們在運動中產生的變化相等，各自作用於對方。所以，如果運動方向相同，則增加給前面物體的運動應從後面的物體中減去，總量與作用發生前相同。如果物體相遇，運動方向相反，則兩方面的運動量等量減少，因此，指向相反方向的運動的差維持相等。

設球體 A 比另一球體 B 大二倍，A 運動速度＝2，B 運動速度＝10，且與 A 方向相同。則

A 的運動：B 的運動＝6：10

設它們的運動量分別為6單位和10單位，則總量為16單位。所以，在物體相遇的情形，如果 A 得到3、4或5個運動單位，則 B 失去同等的量，碰撞後 A 的運動為9、10或11單位，而 B 為7、6或5，其總和與先前一樣為16單位。如果 A 得到9、10、11或12個運動單位，碰撞後運動量增大到15、16、17或18單位，而 B 所失去的與 A 得到的相等，其運動或者是由於失去9個單位而變為1，或是失去全部10個單位而靜止，或是不僅失去其全部運動，而且（如果能這樣的話）還多失去了1個單位，以1個單位向回運動，也可以失去12個單位的運動，以2個單位向回運動。兩個物體運動量的總量為相同方向運動的和

15＋1或16＋0

或相反方向運動的差

17－1或18－2

總是等於16單位，與它們相遇碰撞之前相同。然而，在碰撞後物體前進的運動量為已知時，物體的速度中的一個也可以

知道，方法是，碰撞後與碰撞前的速度之比等於碰撞後與碰撞前的運動之比。在上述情形中，

碰撞前A的運動(6)：碰撞後A的運動(18)＝碰撞前A的速度(2)：碰撞後A的速度(x)即：

6：18＝2：x，x＝6

但是，如果物體不是球形，或運動在不同直線上，在斜向上碰撞，則在要求出其碰撞後的運動時，首先應確定在碰撞點與兩物體相切的平面的位置，然後把每個物體的運動（由推論II）分解爲兩部分，一部分垂直於該平面，另一部分平行於該平面。因爲二物體的相互作用發生在與該平面相垂直的方向上，而在平行於平面的方向上物體的運動量在碰撞前後保持不變；在垂直方向的運動是等量反向地變化的，由此同向運動的量和成反向運動的量的差與先前相同。由這種碰撞有時也會提出物體繞中心的圓周運動問題，不過我不擬在下文中加以討論，而且要將與此有關的每種特殊情形都加以證明也太過繁冗了。

**推論Ⅳ：兩個或多個物體的公共重心不因物體自身之間的作用
而改變其運動或靜止狀態，因此，所有相互作用著的物體（有
外力和阻滯作用除外）其公共重心或處於靜止狀態，或處於勻
速直線運動狀態。**

因為，如果有兩個點沿直線做勻速運動，按給定比例把兩
點間距離分割，則分割點或是靜止，或是以勻速直線運動。在
以後的引理23及其推論中將證明，如果點在同一平面中運動，
則這一情形為真，由類似的方法還可證明當點不在同一平面內
運動的情形。因此，如果任意多的物體都以勻速直線運動，則
它們中的任意兩個的重心處於靜止或是做勻速直線運動，因為
這兩個勻速直線運動的物體其重心連線被一給定比例在公共重
心點分割。用類似方法，這兩個物體的公共重心與第三個物體
的重心也處於靜止或勻速直線運動狀態，因為這兩個物體的公
共重心與第三個物體的重心間的距離也以給定比例分割。依次
類推，這三個物體的公共重心與第四個物體的重心間的距離也
可以給定比例分割，以至於無窮（infinitum）。所以，一個物
體體系，如果它們之間沒有任何作用，也沒有任何外力作用於
它們之上，因而它們都在做勻速直線運動，則它們全體的公共
重心或是靜止，或是做勻速直線運動。

還有，相互作用著的二物體系統，由於它們的重心到公共
重心的距離與物體成反比，則物體間的相對運動，不論是趨近
或是背離重心，都必然相等。因而運動的變化等量而反向，物
體的共同重心由於其相互間的作用而既不加速也不減速，而且
其靜止或運動的狀態也不改變。但在一個多體系統中，因為任
意兩個相互作用著的物體的共同重心不因這種相互作用而改變
其狀態，而其他物體的公共重心受此一作用甚小；然而這兩個

重心間的距離被全體的公共重心分割爲反比於屬於某一中心的物體的總和的部分，所以，在這兩個重心保持其運動或靜止狀態的同時，所有物體的公共重心也保持其狀態：需指出的是，全體的公共重心其運動或靜止的狀態不能因受到其中任意兩個物體間相互作用的破壞而改變。但在這樣的系統中物體間的一切作用或是發生在某兩個物體之間，或是由一些雙體間的相互作用合成，因此它們從不對全體的公共重心的運動或靜止狀態產生改變。這是由於當物體間沒有相互作用時，重心將保持靜止或做勻速直線運動，即使有相互作用，它也將永遠保持其靜止或勻速直線運動狀態，除非有來自系統之外的力的作用破壞這種狀態。所以，在涉及保守其運動或靜止狀態問題時，多體構成的系統與單體一樣適用同樣的定律，因爲不論是單體或是整個多物體系統，其前行運動總是通過其重心的運動來估計的。

推論 V：一個給定的空間，不論它是靜止，或是做不含圓周運動的勻速直線運動，它所包含的物體自身之間的運動都不受影響。

因爲方向相同的運動的差，與方向相反的運動的和，在開始時（根據假定）在兩種情形中相等，而由這些和與差即發生碰撞，物體相互間發生作用，因而（按定律 II）在兩種情形下碰撞的效果相等，因此在一種情形下物體相互之間的運動將保持等同於在另一種情形下物體相互間的運動。這可以由船的實驗來清楚地證明，不論船是靜止或勻速直線運動，其內的一切運動都同樣進行。

推論 VI：相互間以任何方式運動著的物體，在都受到相同的加速力在平行方向上被加速時，都將保持它們相互間原有的運動，如同加速力不存在一樣。

因為這些力同等作用（其運動與物體的量有關）並且是在平行線方向上，則（根據定律 II）所有物體都受到同等的運動（就速度而言），因此它們相互間的位置和運動不發生任何改變。

附注

到此為止我敘述的原理既已為數學家們所接受，也得到大量實驗的驗證。由前兩個定律和前兩個推論，伽利略曾發現物體的下落隨時間的平方而變化（in duplicata ratione temporis），拋體的運動沿拋物線進行，這與經驗相吻合，除了這些運動受到空氣阻力的些微阻滯。物體下落時，其重量的均勻力作用相等，在相同的時間間隔內，這種相等的力作用於物體產生相等的速度；而在全部時間中全部的力所產生的全部的速度正比於時間。而對應於時間的距離是速度與時間的乘積，即正比於時間的平方。當向上拋起一個物體時，其均勻重力使其速度正比於時間遞減，在上升到最大高度時速度消失，這個最大高度正比於速度與時間的乘積，或正比於速度的平方。如果物體沿任意方向拋出，則其運動是其拋出方向上的運動與其重力產生的運動的複合。因此，如果物體A只受拋射力作用，拋出後在給定時間內沿直線AB運動，而自由下落時，在同一時間內沿AC下落，作口ABDC，則該物體作複合運動，在給定時間的終了時刻出現在D處；物體畫出的曲線AED是一拋物線，它與直線AB在A點相切，其縱坐標BD則與直線AB的平方成比例。由相

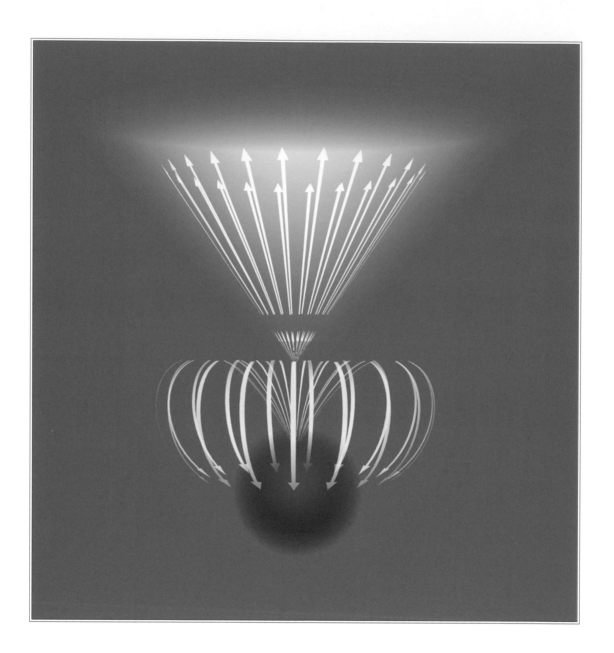

同的定律和推論還能確定單擺振動時間，這在日用的**擺鐘實驗**中得到證明。運用這些定律、推論再加上定律III，克里斯多夫·雷恩（Christopher Wren）爵士、瓦里斯（Wallis）博士和我們時代最偉大的幾何學家惠更斯（Huygens）先生，各自獨立地建立了硬物體碰撞和反彈的規則，並差不多同時向英國皇家學會報告了他們的發現，他們發現的規則極其一致。瓦里斯博士的確稍早一些發表，其次是克里斯多夫·雷恩爵士，最後是惠更斯先生。但克里斯多夫·雷恩爵士用單擺實驗向英國皇家學會作了證明，馬略特（M. Mariotte）很快想到可以對這一課題作全面解釋。但要使該實驗與理論精確相符，我們必須考慮到空氣的阻力和相撞物體的彈力。將球體 A、B 以等長弦 AC、BD 平行地懸掛於中心 C、D，繞此中心，以弦長為半徑畫出半圓 EAF 和 GBH，並分別為半徑 CA、DB 等分。將球體 A 移到弧 $\overset{\frown}{EAF}$ 上任意一點 R，並（也移開球體 B）由此讓它擺下，設一次振　後它回到 V 點，則 RV 就是空氣阻力產生的阻滯。取 ST 等於 RV 的四分之一併置於中間，即

$RS＝TV$

並有

$RS：ST＝3：2$

則 ST 非常近似地表示由 S 下落到 A 過程中的阻滯。再移回球體 B，設球體 A 由點 S 下落，它在反彈點 A 的速度將與它在真空中（in vacuo）自點 T 下落時的大致相同，差別不大。由此看該速度可用弦 TA 長度來表示，因為這在幾何學上是眾所周知的命題：擺錘在其最低點的速度與它下落過程所畫出的弧長成比例。反彈之後，設物體 A 到達 s 處，球體 B 到達 k 處。移開球體 B，找一個 v 點，使物體 A 下落後經一次振盪後回到 r 處，而 st 是 rv 的四分之一，並置於其中間使 rs 等於 tv，令 $\overset{\frown}{tA}$ 的長表

牛頓的引力理論甚至有助於我們理解，當一顆恆星在其自身的引力場作用下坍縮會發生什麼。

在正常情況下，恆星的核力和引力是平衡的。光從恆星表面逃逸出來。

當恆星失去其核引力時，開始對逃逸的光發生作用。

當恆星坍縮時，光被拉回表面。

最終，坍縮恆星的引力場強大到光無法逃逸出來，便製造出一個我們現在所說的黑洞。

所有這些都隱含在牛頓的原始理論中，儘管直到他去世後很久才被完整提出。

十八世紀英國的望遠鏡和羅盤。

示球體A在碰撞後在A處的速度，因為t是球體A在不考慮空氣阻力時所能達到的真實而正確的處所，用同樣方法修正球體B所能達到的k點，選出1點為它在真空中達到的處所。這樣就具備了所有如同真的在真空中做實驗的條件。在此之後，我們取球體A與$\overset{\frown}{TA}$的長（它表示其速度）的乘積（如果可以這樣說的話），得到它在A處碰撞前一瞬間的運動，球體A與tA的長的乘積表示碰撞後一瞬間的運動；同樣，取球體B與$\overset{\frown}{Bl}$的長的乘積，就得到它在碰撞後同一瞬間的運動。用類似的方法，當兩個物體由不同處所下落到一起時，可以得出它們各自的運動以及碰撞前後的運動，進而可以比較它們之間的運動，研究碰撞的影響。取擺長10英尺，所用的物體既有相等的也有不相等的，在通過很大的空間，如8、12或16英尺之後使物體相撞，我總是發現，當物體直接撞在一起時，它們給對方造成的運動的變化相等，誤差不超過3英寸，這說明作用與反作用總是相等。若物體A以9個單位的運動撞擊靜止的物體B，失去7個單位，反彈運動為2，則B以相反方向帶走7個單位。如果物體由迎面的運動而碰撞，A為12單位運動，B為6，則如果A反彈運動為2，則B為8，即雙方各失去14個單位的運動。因為由A的運動中減去12單位，則A已無運動，再減去2個單位，即在相反方向產生2個單位的運動；同樣，從物體B的6個單位中減去14個單位，即在相反方向產生8個單位的運動。而如果兩物體運動方向相同，A快些，有14個單位運動，B慢些，有5個單位，碰撞後A餘下5個單位繼續前進，而B則變為14單位，9個單位的運動由A傳給B。其他情形也相同。物體相遇或碰撞，其運動的量得自同向運動的和或逆向運動的差，都絕不改變。至於一兩英寸的測量誤差可以輕易地歸咎於很難做到事事精確上。要使兩隻擺精確地配合，使它們在最低點AB相互碰撞，要標

出物體碰撞後達到的位置 s 和 k 是不容易的。還不止於此，某些誤差也可能是擺錘體自身各部分密度不同以及其他原因產生的結構上的不規則所致。

可能會有反對意見，說這項實驗所要證明的規律首先要假定物體或是絕對硬的，或至少是完全彈性的（而在自然界中這樣的物體是沒有的），鑒於此，我必須補充一下，我們敘述的實驗完全不取決於物體的硬度，用柔軟的物體與用硬物體一樣成功，因為如果要把此規律用在不完全硬的物體上，只要按彈力的量所需比例減少反彈的距離即可。根據雷恩和惠更斯的理論，絕對硬的物體的反彈速度與它們相遇的速度相等，但這在完全彈性體上能得到更肯定的證實。對於不完全彈性體，返回的速度要與彈性力同樣減小，因為這個力（除非物體的相應部分在碰撞時受損，或像在錘子敲擊下被延展）是確定的（就我所能想到的而言），它使物體以某種相對速度離開另一個物體，這個速度與物體相遇時的相對速度有一給定的比例。我用緊密堅固的羊毛球做過試驗。首先，讓擺錘下落，測量其反彈，確定其彈性力的量，然後根據這個力，估計在其他碰撞情形下所應反彈的距離。這一計算與隨後做的其他實驗的確吻合。羊毛球分開時的相對速度與相遇時的速度的比總是約為 5：9，鋼球的返回速度幾乎完全相同，軟木球的速度略小，但玻璃球的速度比約為 15：16，這樣，第三定律到此在涉及碰撞與反彈情形時，都獲得與經驗相吻合的理論證明。

對於吸引力的情形，我沿用這一方法做簡要證明。設任意兩個相遇的物體 A、B 之間有一障礙物介入，兩物體相互吸引。如果任一物體，比如 A，被另一物體 B 的吸引，比物體 B 受物體 A 的吸引更強烈一些，則障礙物受到物體 A 的壓力比受到物體 B 的壓力要大，這樣就不能維持平衡：壓力大的一方取

得優勢，把兩個物體和障礙物共同組成的系統推向物體B所在的一方；若在自由空間中，將使系統持續加速直至無限；但這是不合理的，也與第一定律矛盾。因為由第一定律，系統應保持其靜止或勻速直線運動狀態，因此兩物體必定對障礙物有相等壓力，而且相互間吸引力也相等。我曾用磁石和鐵做過實驗。把它們分別置於適當的容器中，浮於平靜水面上，它們相互間不排斥，而是通過相等的吸引力支撐對方的壓力，最終達到一種平衡。

同樣，地球與其部分之間的引力也是相互的。令地球FI被平面EG分割成EGF和EGI兩部分，則它們相互間的引力是相等的，因為如果用另一個平行於EG的平面HK，再把較大的一部分EGI切成兩部分EGKH和HKI，使HKI等於先前切開的部分EFG，則很明顯中間部分EGKH自身的重量合適，不會向任何一方傾倒，始終懸著，在中間保持靜止和平衡。但一側的部分HKI將用其全部重量把中間部分壓向另一側的部分EGF，所以EGI的力，HKI部分和EGKH部分的和，傾向於第三部分EGF，等於HKI部分的重量，即第三部分EGF的重量。因此，EGI和EGF兩部分相互之間的引力是相等的，這正是要證明的。如果這些引力真的不相等，則漂浮在無任何阻礙的以太中的整個地球必定讓位於更大的引力，逃避開去，消失於無限之中。

由於物體在碰撞和反彈中是等同的，其速度反比於其慣力，因而在運用機械儀器中有關的因素也是等同的，並相互間維持對另一方的相反的壓力，其速度由這些力決定，並與這些力成反此。

所以，用於運動天平的臂的重量，其力是相等的，在使用天平時，重量反比於天平上下擺動的速度，即，如果上升或下

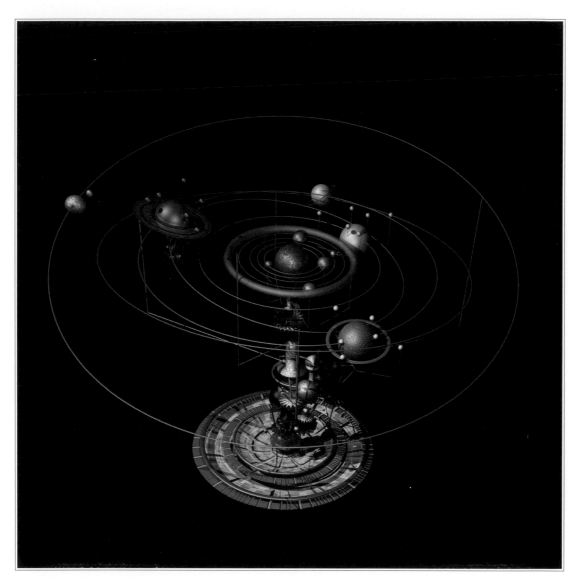

牛頓風格的太陽系儀,連帶著後來發現的小行星帶。

降是直線的，其重量的力就相等，並反比於它們懸掛在天平上的點到天平軸的距離；但若有斜面插入，或其他障礙物介入，致使天平偏轉，使它斜向上升或下降，則那些物體也相等，並反比於它們參照垂直線所上升或下降的高度，這取決於垂直向下的重力。

類似的方法也用於滑輪或滑輪組。手拉直繩子的力與重量成正比，不論重物是直向或斜向上升，如同重物垂直上升的速度正比於手拉繩子的速度，都將拉住重物。

在由輪子複合而成的時鐘和類似的儀器中，使輪子運動加快或減慢的反向力，如果反比於它們所推動的輪子的速度，也將相互維持平衡。

螺旋機擠壓物體的力正比於手旋擰手柄使之運動的力，如同手握住那部分把柄的旋轉速度與螺旋壓向物體的速度。

楔子擠壓或劈開木頭兩邊的力正比於錘子施加在楔子上的力，如同錘子敲在楔子上使之在力的方向上前進的速度正比於木頭在楔子下在垂直於楔子兩邊的直線方向上裂開的速度。所有機器都給出相同的解釋。

機器的效能和運用無非是減慢速度以增加力，或者反之。因而運用所有適當的機器，都可以解決這樣的問題：以給定的力移動給定的重量，或以給定的力克服任何給定的阻力。如果機器設計成其作用和阻礙的速度反比於力，則作用就能剛好抵消阻力，而更大的速度就能克服它。如果更大的速度大到足以克服一切阻力——它們通常來自接觸物體相互滑動時的摩擦，或要分離連續的物體的凝聚，或要舉起的物體的重量，則在克服所有這些阻力之後，剩餘的力就將在機器的部件以及阻礙物體中產生與其自身成正比的力速度。但我在此不是要討論力學，我只是想通過這些例子說明第三定律適用之廣泛和可靠。

如果我們由力與速度的乘積去估計作用，以及類似地，由阻礙
作用的若干速度與由摩擦、凝聚、重量產生的阻力的乘積去估
計阻礙反作用，則將發現一切機器中運用的作用與反作用總是
相等的。儘管作用是通過中介部件傳遞，最後才施加到阻礙物
體上的，但其最終的作用總是針對反作用的。

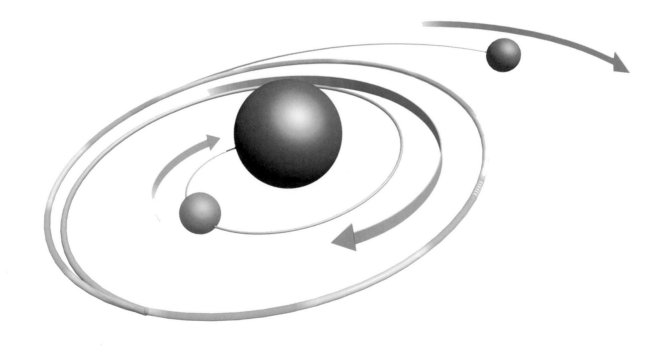

卡西尼太空船的行星際軌道。太空船需要複雜的數學來計算彈道、軌道和彈弓效應。所有這些都完全基於已逾三百年之久的牛頓理論模型。所計算之軌道的複雜性以及「泰坦」衛星探測器的最終發射仍然是對牛頓科學貢獻的非凡證明。

第三卷

————————

哲學中的推理規則

規則 I：尋求自然事物的原因，不得超出真實和足以解釋其現象者。

為達此目的，哲學家們說，自然不做徒勞的事，解釋多了白費口舌，意簡意賅才見真諦，因為自然喜歡簡單性，不會回應於多餘原因的侈談。

規則 II：因此對於相同的自然現象，必須盡可能地尋求相同的原因。

例如人與野獸的呼吸，歐洲與美洲的石頭下落，炊事用火的光亮與陽光，地球反光與行星反光。

規則 III：物體的特性，若其程度既不能增加也不能減少，且在實驗所及範圍內為所有物體所共有，則應視為一切物體的普遍屬性。

因為，物體的特性只能通過實驗為我們所瞭解，我們認為是普適的屬性只能是實驗上普適的，只能是既不會減少又絕不會消失的。我們當然既不會因為夢幻和憑空臆想而放棄實驗證據，也不會背棄自然的相似性，這種相似性應是簡單的，首尾一致的。我們無法逾越感官而瞭解物體的廣延，也無法由此而深入物體內部；但是，因為我們假設所有物體的廣延是可感知的，所以也把這一屬性普遍地賦予所有物體。我們由經驗知道許多物體是硬的；而全體的硬度是由部分的硬度所產生的，所

以我們恰當地推斷，不僅我們感知的物體的粒子是硬的，而且所有其他粒子都是硬的。說所有物體都是不可穿透的，這不是推理而來的結論，而是感知的。我們發現拿著的物體是不可穿透的，由此推斷出不可穿透性是一切物體的普遍性質。說所有物體都能運動，並賦予它們在運動時或靜止時具有某種保持其狀態的能力（我們稱之爲慣性），只不過是由我們曾見到過的物體中所發現的類似特性而推斷出來的。全體的廣延、硬度、不可穿透性、可運動性和慣性，都是由部分的廣延、硬度、不可穿透性、可運動性和慣性所造成的；因而我們推斷所有物體的最小粒子也都具有廣延、硬度、不可穿透性、可運動性，並賦予它們以慣性性質。這是一切哲學的基礎。此外，物體分離的但又相鄰接的粒子可以相互分開，是觀測事實；在未被分開的粒子內，我們的思維能區分出更小的部分，正如數學所證明的那樣。但如此區分開的，以及未被分開的部分，能否確實由自然力分割並加以分離，我們尚不得而知。然而，只要有哪怕是一例實驗證明，由堅硬的物體上取下的任何未分開的小粒子被分割開來了，我們就可以沿用本規則得出結論，已分開的和未分開的粒子實際上都可以分割爲無限小。

最後，如果實驗和天文觀測普遍發現，地球附近的物體都被吸引向地球，吸引力正比於物體各自所包含的物質；月球也根據其物質的量被吸引向地球；而另一方面，我們的海洋被吸引向月球；所有的行星相互吸引；彗星以類似方式被吸引向太陽；則我們必須沿用本規則賦予一切物體以普遍相互吸引的原理。因爲一切物體的普遍吸引是由現象得到的結論，所以它比物體的不可穿透性顯得有說服力；後者在天體活動範圍內無法由實驗或任何別的觀測手段加以驗證。我肯定重力不是物體的基本屬性；我說到固有的力時，只是指它們的慣性。這才是不會變更的。物體的重力會隨其遠離地球而減小。

規則 IV：在實驗哲學中，我們必須將由現象所歸納出的命題視為完全正確的或基本正確的，而不管想像所可能得到的與之相反的種種假說，直到出現了其他的或可排除這些命題、或可使之變得更加精確的現象之時。

我們必須遵守這一規則，使假說不至於脫離歸納出的結論。

月球交會點的運動

命題 1：太陽離開交會點的平均運動由太陽的平均運動與太陽在方照點以最快速度離開交會點的平均運動的幾何中項決定。

令 T 為地球的處所，Nn 為任意給定時刻的月球交會點連線，KTM 為其上的垂線，TA 為繞中心旋轉的直線，其角速度等於太陽與交會點相互分離的角速度，使得界於靜止直線 Nn 與旋轉直線 TA 之間的角總是等於太陽與交會點間的距離。如果把任意直線 TK 分為 TS 和 SK 兩部分，使它們的比等於太陽的平均小時運動比交會點在方照點的平均小時運動，再取直線 TH 等於 TS 部分與整個線段 TK 的比例中項，則該直線正比於太陽離開交會點的平均運動。

因為以 T 為中心，以 TK 為半徑作圓 $NKnM$，並以同一個中心，以 TH 和 TN 為半軸作橢圓 $NHnL$；在太陽離開交會點通過 $\overset{\frown}{Na}$ 的時間內，如果作直線 Tba，則扇形面積 NTa 表示在相同時間內太陽與交會點的運動的和。所以，令極短弧 $\overset{\frown}{aA}$ 為直線 Tba 按上述規律在給定時間間隔內勻速轉動所掠過，則極小扇形 TAa 正比於在該時間內太陽與交會點向兩個不同方向運動的速度的和。太陽的速度幾乎是均勻的，其不等性如此之小，不會

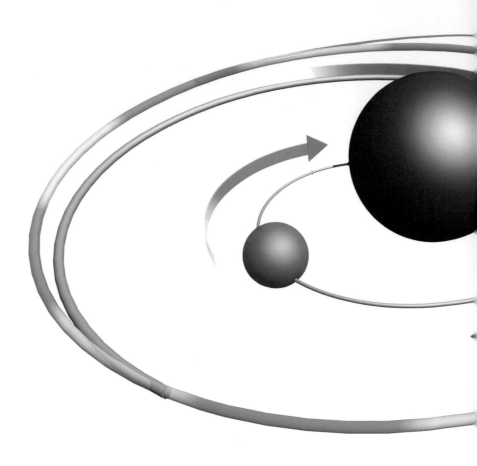

在交會點的平均運動中造成最小的不等性。這個和的另一部分，即交會點速度的平均量，在離開朔望點時按它到太陽距離正弦的平方增大（由本卷命題31推論），並在到達方照點同時太陽位於 K 時有最大值，它與太陽速度的比等於 SK 比 TS，即等於（TK 比 TH 的平方差，或）乘積 $KH \cdot HM$ 比 TH^2。但橢圓 NBH 將表示這兩個速度的和的扇形 ATa 分為 $ABba$ 和 BTb 兩部分，且正比於速度。因為，延長 BT 到圓交於 β，由點 B 向長軸作垂線 BG，它向兩邊延長與圓相交於點 F 和 f；因為空間 $ABba$ 比扇形 TBb 等於乘積 $AB \cdot B\beta$ 比 BT^2（該乘積等於 TA 和 TB 的平

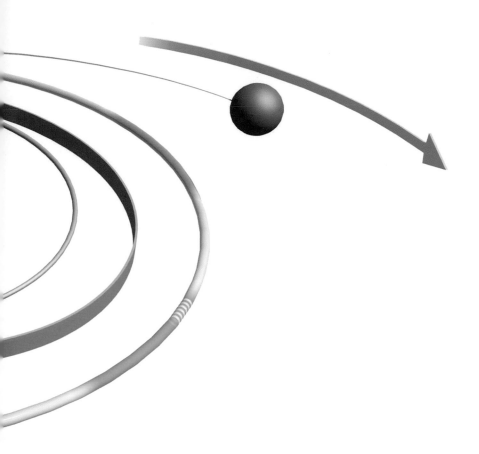

方差,因爲直線AB在T被等分,而在B未被等分),所以當空間ABba在K處爲最大時,該比值與乘積KH·HM比HT²相等。但上述交會點的最大平均速度與太陽速度的比也等於這一比值;因而在方照點扇形ATa被分割成正比於速度的部分。又因爲乘積KH·BM比HT²等於FB·Bf比BG²,且乘積AB·Bβ等於乘積FB·Bβ,所以在K處也是最大的小面積ABba比餘下的扇形TBb等於乘積AB·Bβ比BG²。但這些面積的比總是等於乘積AB·Bβ比BT²;所以位於處所A的小面積ABba按BG與BT的平方比值小於它在方照點的對應小面積,即按太陽到交

如果引力小一點,或者隨著距離的減小,引力比牛頓理論所預言的增加得更快,那麼行星的繞日軌道將不再是穩定的橢圓。它們或者將飛離太陽,或者盤旋著落入其中。

會點距離的正弦的平方比值減小。所以，所有小面積$ABba$的
和，即空間ABN，正比於在太陽離開交會點後掠過$\overset{\frown}{NA}$的時間
內交會點的運動；而餘下的空間，即橢圓扇形NTB，則正比於
同一時間裏的太陽平均運動。而因爲交會點的平均年運動是在
太陽完成其一個週期的時間內完成的，交會點離開太陽的平均
運動比太陽本身的平均運動等於圓面積比橢圓面積，即等於直
線TK比直線TH，後者是TK與TS的比例中項；或者，等價地，
等於比例中項TH比直線TS。」

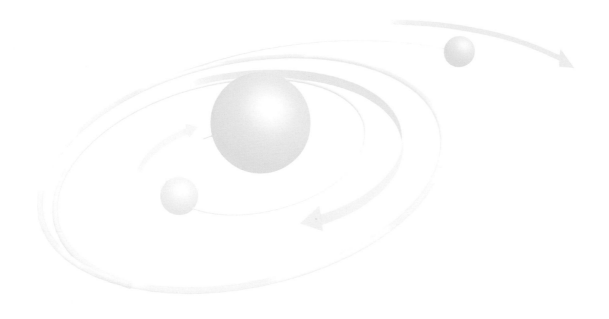

命題 36　問題 17

求太陽使海洋運動的力。

　　太陽干擾月球運動的力 *ML* 和 *PT*（由命題25），在月球方
照點，比地表重力，等於1：638092.6；而在月球朔望點，力
TM － *LM* 或 2*PK* 是該量值的二倍。但在地表以下，這些力正比
於到地心距離而減小，即正比於60 1/2：1；因而前一個力在地
表上比重力等於1：38604600；這個力使與太陽相距90°處的海
洋受到壓迫。但另一個力比它大一倍，使不僅正對著太陽，而
且正背著太陽處的海洋都被托起；這兩個力的和比重力等於
1：12868200。因為相同的力激起相同的運動，無論它是在距
太陽90°處壓迫海水，或是在正對著或正背著太陽處托起海
水，上述力的和就是太陽干擾海洋的總力，它所起的作用與全
部用以在正對著或正背著太陽處托起海洋，而在距太陽90°處
對海洋完全不發生作用，是一樣的。

　　這正是太陽干擾任意給定處所的海洋的力。與此同時太陽
位於該處的頂點，並處於到地球的平均距離上。在太陽的其他
位置上，該托起海洋的力正比於太陽在當地地平線上二倍高度
的正矢，反比於到地球距離的立方。

　　推論：由於地球各處的離心力是由地球周日自轉引起的，
它比重力等於1比289，它在赤道處托起的水面比在極地處高
85472巴黎尺，這已經在命題19中證明過，因而太陽的力，它
比重力等於1比12868200，比該離心力等於289：12868200，或
等於1：44527，它在正對著和正背著太陽處所能托起的海水
高度，比距太陽90°處的海面僅高出1巴黎尺$113\frac{1}{30}$寸；因為該
尺度比85472巴黎尺等於1：44527。

―――――

命題 38　問題 19

求月球形狀。

　　如果月球是與我們的海水一樣的流體，則地球托起其最近點與最遠點的力比月球使地球上正對著與正背著月球的海面被托起的力，等於月球指向地球的加速引力比地球指向月球的加速引力，再乘以月球直徑比地球直徑，即等於39.788：1乘以100：365，或等於1081：100。所以，由於我們的海洋被托起$8\frac{3}{5}$英尺，月球流體即應被地球力托起93英尺；因此月球形狀應是橢球，其最大直徑的延長線應通過地球中心，並比與它垂直的直徑長186英尺。所以，月球的這一形狀必定是從一開始就具備了的。

　　推論：因此，這正是月球指向地球的一面

牛頓最偉大的發現之一是關於光學的。他發現如果讓太陽光通過一個稜鏡，那麼光就會分解成其組成色（光譜），即彩虹的顏色。

總是呈現相同形狀的原因；月球球體上其他任何位置上的部分
都不能是靜止的，而是永遠處於恢復到這一形狀的運動之中；
但是，這種恢復運動，必定進行得極慢，因爲激起這種運動的
力極弱；這使得永遠指向地球的一面，根據命題 17 中的理由，
在被轉向月球軌道的另一個焦點時，不能被立即拉回來而轉向
地球。

（王克迪　譯）

阿爾伯特・愛因斯坦 *(1879-1955)*

生平與著作

　　天才並不總是顯而易見的。儘管阿爾伯特・愛因斯坦後來成為有史以來最偉大的理論物理學家，但當他在德國上小學時，學校校長告訴他的父親，「他幹什麼都不會有出息。」當愛因斯坦二十四、五歲時，雖然他已從在蘇黎世的聯邦綜合技術大學畢業，取得了數學和物理教師的資格，但他卻找不到一個正式的教師職位。後來他已不期望在大學獲得一個職位，只好在伯恩申請一個臨時性工作。透過他一個同學父親的幫助，愛因斯坦在瑞士專利局找到一個公務員的職務，做專利的審查員。他一星期工作六天，年薪六百美元。當他寫蘇黎世大學的物理學博士論文之時，就是這樣維持生活的。

　　一九〇三年，愛因斯坦與他塞爾維亞族情人米列娃・瑪麗奇（Mileva Maric）結婚，這一對小夫妻遷入伯恩的套房公寓。兩年後，她為他生了一個兒子漢斯・阿爾伯特。在漢斯出生前後的這個時期，或許是愛因斯坦一生中最快樂的時期。鄰居們後來回憶說，他們看到年輕的父親心不在焉地推著嬰兒車在街上走。時而愛因斯坦會伸手到嬰兒車中，拿出一個筆記本匆匆記下一點兒筆記。看來這個推著嬰兒車散步的人的筆記本中有一些公式方程式，它們導致相對論和原子彈的發展。

　　在專利局工作初期，愛因斯坦把他大部分空閒時間都用來研究理論物理學。他寫了四篇重要並有深遠影響的論文，其中

青年愛因斯坦

提出了在探索和理解宇宙的漫長歷史中若干最重要的思想。再不能像以前那樣看待時間和空間了。愛因斯坦的工作使他獲得一九二一年的諾貝爾物理學獎，以及許多公眾的讚歎。

當愛因斯坦沉思宇宙的運作時，他得到一些理解的瞬間靈感，它們太深奧了，難以用語言表達。愛因斯坦有一次說，「這些思想不是以任何語言的表述出現的，我幾乎很少用語言文字來思考。一種想法出現，以後我才試圖用語言文字表達它。」

愛因斯坦最終定居在美國，在那兒他公開提倡猶太復國主義與裁減和禁止核武器等事業。但他始終保持對物理學的熱

情。直到他一九五五年去世，愛因斯坦一直在尋求一個統一場論，把引力現象與電磁現象用一組方程式聯繫起來。今天的物理學家繼續在尋求物理學的大統一理論，這是對愛因斯坦想像力的讚頌。愛因斯坦不僅使二十世紀的科學思想發生了革命，而且還超越了二十世紀。

一八七九年三月十四日，阿爾伯特・愛因斯坦生於德國符騰堡州的烏爾姆；他在慕尼黑長大。他是海爾曼・愛因斯坦和鮑林・柯赫的獨子。他的父親和叔叔開了一個電器工廠。他的家人認為阿爾伯特是一個笨拙的學生，因為他在語言學習上有困難。（現在人們認為，他可能有閱讀困難症。）傳說當海爾曼問他兒子的小學校長將來最適合阿爾伯特的職業是什麼時，該校長回答說，「這無關緊要。他幹什麼都不會有出息。」

愛因斯坦在學校中表現不佳。他不喜歡軍訓；作為天主教學校中少數猶太孩子之一，他為此感到難受。這種作為局外人的體驗，在他一生中曾重複多次。

科學是愛因斯坦早年的愛好之一。他記得五歲左右時父親給他看一個羅盤。他對磁針總是指向北方（即使盒子在旋轉仍然如此）感到驚奇。愛因斯坦回憶說，在那一刻，他「感到在事物的後面深深地隱藏著某種東西」。

他早年的另一個愛好是音樂。在六歲左右，愛因斯坦開始學拉小提琴。這並非他天生的愛好；但當他學了幾年之後，他認識到了音樂的數學結構，小提琴成了他終生的愛好，儘管他的音樂才能同他的熱情並不相稱。

當愛因斯坦十歲時，他的家人讓他進魯易特泊爾德中學，在那兒，據學者們介紹，他培養出一種懷疑權威的精神。這個特性後來在愛因斯坦的科學家生涯中起了好的作用。他好懷疑的習慣使他容易對許多長期確立的科學假設提出疑問。

一八九五年愛因斯坦試圖跳過高中，直接通過蘇黎世聯邦

綜合技術大學的入學考試，他想在那兒獲得一個電機工程學位。下面是他當時所寫的雄心壯志：

> 如果我有幸通過考試，我將去蘇黎世。為了學數學和物理學，我會在那兒待四年。我設想我自己成為一名自然科學方面的教師，我要挑選理論科學。下面是使我作出這個計畫的理由。首先是我傾向於抽象的和數學的思考，而我缺乏想像力和實際操作能力。

愛因斯坦未能通過文科部分的考試，所以綜合技術大學沒有准許他入學。他的家人因此送他進瑞士阿勞的中學，希望這會給他進蘇黎世綜合技術大學的第二次機會。事情確實如此，一九○○年愛因斯坦從綜合技術大學畢業。差不多就在這個時候，他愛上了米列娃‧瑪麗奇，一九○一年她在未婚的情況下生下他們的第一個孩子，女兒麗瑟爾。人們對麗瑟爾的情況所知甚少，似乎她要不生下來就是殘疾兒，或是在嬰兒時期得了重病，然後託人收養，差不多在兩歲時就夭折了。愛因斯坦與瑪麗奇在一九○三年結婚。

生下漢斯那年，即一九○五年，是愛因斯坦的奇蹟年。他要擔負起做父親的責任，從事全職的工作，而仍能同時發表四篇劃時代的科學論文，儘管他沒有學術職位所能提供的一切有利條件。

在那年春天，愛因斯坦向德國期刊《物理年鑑》（*Annalen der Physik*）提交了三篇論文。這三篇論文都發表在該刊第十七卷上。愛因斯坦說他第一篇論光量子的論文是「很革命性的」。在這篇論文中，他考察了德國物理學家馬克斯‧普朗克所發現的量子（能量的基本單位）現象。愛因斯坦說明了光電效應，即對應於每一個發射出來的電子要由一特定量的能量來釋放

愛因斯坦和他的第一位妻子米列娃
以及兒子漢斯‧阿爾伯特，一九〇
六年。

它。這就是量子效應，即發射出來的能量是固定的量，只能用整數表示。這一理論構成了量子力學很大一部分基礎。愛因斯坦建議，可以把光看做是獨立的能量粒子的集合，但驚人的是，他沒有提供任何實驗資料。他只是根據美學的理由，假設性地論證了光量子的存在。

起初，物理學家們對是否承認愛因斯坦的理論猶豫不定。它背離當時公認的科學觀念太遠了，遠遠超過了普朗克所發現的任何東西。正是這篇題為「關於光的產生和轉化的試探性的

觀點」的論文，而不是他關於相對論的工作，使愛因斯坦榮獲了一九二一年諾貝爾物理學獎。

在他的第二篇論文「分子大小的新測定法」——這是愛因斯坦的博士論文——和第三篇論文「熱的分子運動論所要求的靜液體中懸浮粒子的運動」中，愛因斯坦提出了測定原子的大小和運動的方法。他也說明了布朗運動，這是英國植物學家羅伯特・布朗在研究了懸浮在液體中的花粉的不規則運動之後所描述的一種現象。愛因斯坦斷言這種運動是由原子和分子間的碰撞所引起的。當時，原子是否存在仍然是科學界爭論的問題，所以不能低估這兩篇論文的重要性。愛因斯坦確認了物質的原子論。

在他一九○五年的最後一篇題為「論動體的電動力學」的論文中，愛因斯坦提出了後來稱之為狹義相對論的理論。這篇文章讀起來更像一篇議論文，而不像一篇科學論文。整篇論文沒有注釋、參考文獻和引文。愛因斯坦在正好五個星期之內寫了這篇九千字的論文，然而科學史家認為文中的每一個字就像牛頓的《自然哲學之數學原理》一樣意義深遠並富有革命性。

正如牛頓對我們理解引力所做的貢獻一樣，愛因斯坦對我們今天的時空觀做出了貢獻，他在這個過程中推翻了牛頓的時間觀念。牛頓宣稱，「絕對的、真正的和數學的時間，它自身，按照它的本性，均等地流逝，與任何外部的事物無關。」愛因斯坦認為一切觀測者都應該測量出同樣的光速，不管他們本身運動得多快。愛因斯坦又斷言，一個物體的質量不是不變的，而是隨著物體的速度而增加。後來的實驗證明，一個小粒子，加速到光速的86%，具有的質量是它靜止時的兩倍。

相對論的另一個推論是可用數學表達的質能關係式，愛因斯坦把它表達為$E=mc^2$。這個運算式——能量等於質量乘以光速的平方——使物理學家理解到，即使很微小量的物質也有潛

力產生巨大的能量。所以，只要少數原子的質量的一部分完全轉化爲能量，也可以產生巨大的爆炸。因此，愛因斯坦那看來似乎平常的方程式導致科學家設想原子的分裂（原子核裂變）的後果，並敦促政府去研製原子彈。一九〇九年，愛因斯坦受聘爲蘇黎世大學的理論物理學教授，三年後他實現了他的雄心壯志，回到聯邦綜合技術大學任正教授。隨之而來的是其他有聲譽的學術職務與領導職位。在此期間，他一直繼續研究引力理論以及廣義相對論。但是，當他的學術地位持續上升時，他的婚姻和健康卻開始惡化了。一九一四年，他和米列娃開始辦理離婚手續，同年他受聘爲柏林大學教授。當他後來病倒時，他的表姐愛爾莎護理他，使他恢復了健康，一九一九年左右，他們結婚了。

狹義相對論使時間與質量概念發生了根本性的變化，廣義相對論則使空間概念發生了根本性的變化。牛頓寫道，「絕對空間，按其本性，與任何外部的東西無關，永遠保持相同並且是不能移動的。」牛頓空間是歐幾里得的，無限的，並且沒有邊界的。它的幾何結構與佔有它的物質完全無關。與此完全相反，愛因斯坦的廣義相對論斷言，一個物體的引力質量不僅作用於其他物體，而且還影響空間的結構。如果一個物體的質量足夠大，它能使它周圍的空間彎曲。在這樣一個區域，光線也顯得彎曲。

一九一九年，亞瑟·愛丁頓爵士爲了尋求檢驗廣義相對論的證據，組織了兩個探險隊，一個去巴西，一個去西部非洲，去觀測在五月二十九日日全食時通過一個大質量物體——太陽——附近的恆星的光。在通常情況下這種觀測是不可能的，因爲來自遙遠恆星的微弱的光會被白天的光遮蔽，但在日食時，這種光在短時間內是可見的。

在九月，愛因斯坦收到了亨德利克·洛倫茲的一個電報。

上圖
愛因斯坦和他的第二位妻子愛爾莎以及查理·卓別林，一九三一年。

對頁
即將獲得諾貝爾獎的愛因斯坦。

愛因斯坦一九三二年在普林斯頓
講課。

洛倫茲也是物理學家,是他親密的朋友。電報中寫道:「愛丁
頓發現恆星在太陽邊緣有位移,初步的測量結果是 9/10 秒和
1.8 秒之間。」愛丁頓的資料與廣義相對論的預測相符。他得
自巴西的照片表明,來自天空中若干已知恆星的光,在日食時,
與在夜間光不通過太陽附近時,似乎來自不同的位置。廣義相
對論被確認了,從而永遠改變了物理學的進程。幾年後,當愛
因斯坦的一個學生問他,如果觀測否證了他的理論,他會如何
反應,愛因斯坦回答說,「那麼我會為親愛的爵士感到遺憾。
理論是正確的。」

　　廣義相對論的確認使愛因斯坦舉世聞名。一九二一年他當
選為英國皇家學會會員。他訪問的每個城市都贈予他榮譽學位
和獎狀。一九二七年,他開始和丹麥物理學家尼爾斯・玻爾一

起發展量子力學基礎，儘管他繼續努力想實現他統一場論的夢想。他在美國的旅行導致他受聘爲新澤西州普林斯頓高等研究院的數學和理論物理學教授。

　　一年以後，在統治德國的納粹開始發動反「猶太人的科學」的鬥爭時，他在普林斯頓長久定居下來。愛因斯坦在德國的財產被沒收，他被取消德國國籍，他在大學的職位也被撤銷。在此之前，愛因斯坦一直認爲自己是一個和平主義者。但當希特勒把德國變成歐洲的軍事強國之後，愛因斯坦開始相信用武力反對德國是正當的。一九三九年，第二次世界大戰剛開始時，愛因斯坦開始關注德國可能發展製造原子彈的能力——是他自己的研究使這種武器的研製有了可能，因此他感到對此負有責任。他發了一封信給羅斯福總統，警告他德國有可能研製原子彈，並敦促美國開展核武器研究。由他的朋友和同行科學家列奧·齊拉德起草的這封信推動了曼哈頓計畫的形成，這個計畫產生了世界上第一顆原子彈。一九四四年，愛因斯坦把他手寫的一九〇五年關於狹義相對論的論文拍賣，把拍賣所得六百萬美元捐給盟國用於戰爭的需要。

　　戰後，愛因斯坦繼續投身於他所關注的事業和議題。由於他多年來強烈支持猶太復國主義，一九五二年十一月，以色列要他接受總統的職務。他有禮貌地推辭了，說他不適合這個職務。一九五五年四月，在他去世前一星期，他寫了一封信給哲學家羅素，信中表示同意在一個敦促一切國家廢除核武器的宣言上簽名。

　　一九五五年四月十八日，愛因斯坦因心臟衰竭而逝世。綜觀他的一生，他一直致力於用他的思想而不是依靠他的感官來探求理解宇宙的奧祕。他有一次說，「理論的眞理在你的心智中，不在你的眼睛裏。」

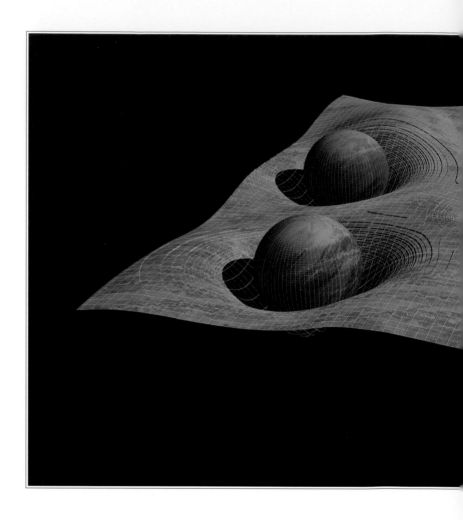

相 對 論 原 理

論動體的電動力學（1905）

　　大家知道，馬克士威電動力學──像現在通常為人們所理解的那樣──應用到運動的物體上時，就要引起一些不對稱，而這種不對稱似乎不是現象所固有的。比如設想一個磁體與一個導體之間的電動力的相互作用。在這裏，可觀察到的現象只與導體和磁體的相對運動有關，可是按照通常的看法，這兩個物體之中，究竟是這個在運動，還是那個在運動，卻是截然不

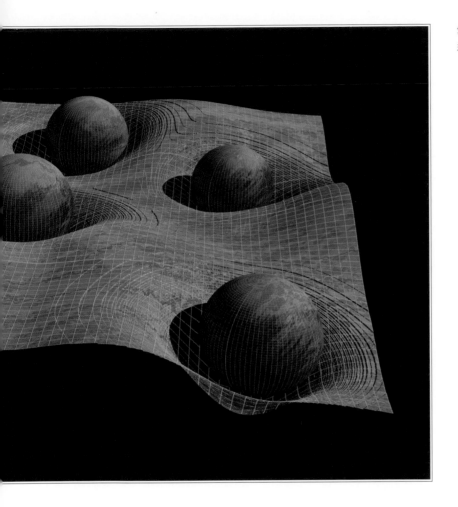

愛因斯坦所說的有質量物體使時空
連續區發生彎曲的作用。

同的兩回事。如果是磁體在運動，導體靜止著，那麼在磁體附
近就會出現一個具有一定能量的電場，它在導體各部分所在的
地方產生一股電流。但是如果磁體是靜止的，而導體在運動，
那麼磁體附近就沒有電場，可是在導體中卻有一電動勢，這種
電動勢本身雖然並不相當於能量，但是它——假定這裏所考慮
的兩種情況中的相對運動是相等的——卻會引起電流，這種電
流的大小和路線都同前一情況中由電力所產生的一樣。

　　諸如此類的例子，以及企圖證實地球相對於「光媒質」運
動的實驗的失敗，引起了這樣一種猜想：絕對靜止這個概念，

對頁

時間也許並不像一條從*A*移向*B*的筆直鐵路線，而是像一條迂迴至其自身的或劇烈改變方向的鐵路線。

不僅在力學中，而且在電動力學中也不符合現象的特性，倒是應當認為，凡是對力學方程式適用的一切座標系，對於上述電力學和光學的定律也一樣適用，對於第一級微量來說，這是已經證明了的。[1]我們要把這個猜想（它的內容以後就稱之為「相對論原理」）提升為公設，並且還要引進另一條在表面上看來同它不相容的公設：光在真空裏總是以一確定的速度*c*傳播著，這速度同發射體的運動狀態無關。由這兩條公設，根據靜體的馬克士威理論，就足以得到一個簡單而又不自相矛盾的動體電動力學。「光以太」的引用將被證明是多餘的，因為按照這裏所要闡明的見解，既不需要引進一個具有特殊性質的「絕對靜止的空間」，也不需要給發生電磁過程的真空中的每個點規定一個速度向量。

這裏所要闡明的理論——像其他各種電動力學一樣——是以剛體的運動學為根據的，因為任何這種理論所講的，都是關於剛體（座標系）、時鐘和電磁過程之間的關係。對這種情況考慮不足，就是動體電動力學目前所必須克服的那些困難的根源。

A. 運動學部分

§1. 同時性的定義

設有一個牛頓力學方程式在其中有效的座標系。[2]為了使我們的陳述比較嚴謹，並且便於將這個座標系同以後要引進來的別的座標系在字面上加以區別，我們叫它「靜系」。

如果一個質點相對於這個座標系是靜止的，那麼它相對於後者的位置就能夠用剛性的量桿按照歐幾里得幾何的方法來定出，並且能用笛卡兒座標來表示。

如果我們要描述一個質點的運動，我們就以時間的函數來

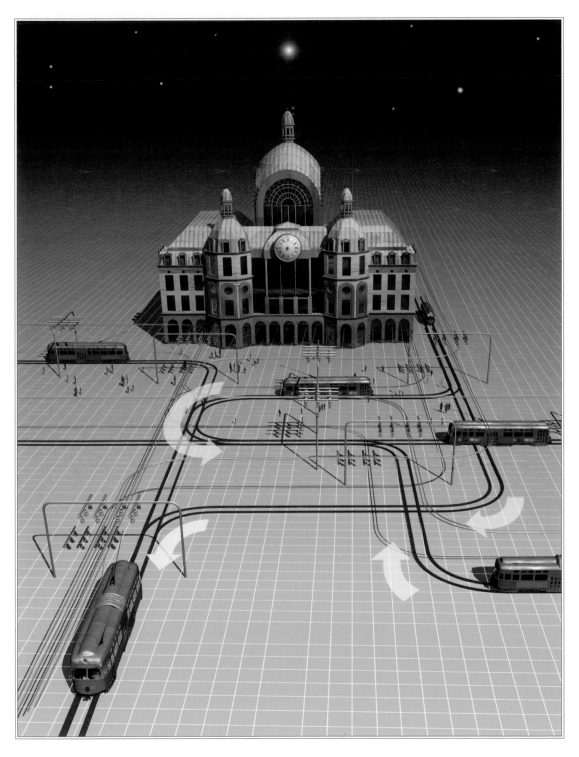

給出它的座標值。現在我們必須記住，這樣的數學描述，只有在我們十分清楚地懂得「時間」在這裏指的是什麼之後才有物理意義。我們應當考慮到：凡是時間在裏面起作用的我們的一切判斷，總是關於同時的事件的判斷。比如我說，「那列火車七點鐘到達這裏」，這大概是說：「我的錶的短針指到七同火車的到達是同時的事件。」[3]

可能有人認為，用「我的錶的短針的位置」來代替「時間」，也許就有可能克服由於定義「時間」而帶來的一切困難。事實上，如果問題只是在於為這隻錶所在的地點來定義一種時間，那麼這樣一種定義就已經足夠了；但是，如果問題是要把發生在不同地點的一系列事件在時間上聯繫起來，或者說——其結果依然一樣——要定出那些在遠離這隻錶的地點所發生的事件的時間，那麼這樣的定義就不夠了。

當然，我們對於用如下的辦法來測定事件的時間也許會感到滿意，那就是讓觀察者同錶一起處於座標的原點上，而當每一個表明事件發生的光信號通過真空到達觀察者時，他就把當時的時針位置同光到達的時間對應起來。但是這種對應關係有一個缺點，正如我們從經驗中所已知的那樣，它同這個帶有錶的觀察者所在的位置有關。通過下面的考慮，我們得到一種比較切合實際得多的測定法。如果在空間的A點放一隻鐘，那麼對於貼近A處的事件的時間，A處的一個觀察者能夠由找出同這些事件同時出現的時針位置來加以測定。如果又在空間的B點放一隻鐘——我們還要加一句，「這是一隻同放在A處的那隻完全一樣的鐘。」——那麼，通過在B處的觀察者，也能夠求出貼近B處的事件的時間。但要是沒有進一步的規定，就不可能把A處的事件同B處的事件在時間上進行比較；到此為止，我們只定義了「A時間」和「B時間」，但是並沒有定義對於A和B是公共的「時間」。只有當我們通過定義，把光從A

到 B 所需要的「時間」規定為等於它從 B 到 A 所需要的「時間」，我們才能夠定義 A 和 B 的公共「時間」。設在「A 時間」t_A 從 A 發出一道光線射向 B，它在「B 時間」t_B 又從 B 被反射向 A，而在「A 時間」t'_A 回到 A 處。如果

$$t_B - t_A = t'_A - t_B\text{，}$$

那麼這兩隻鐘按照定義是同步的。

我們假定，這個同步性的定義是可以沒有矛盾的，並且對於無論多少個點也都適用，於是下面兩個關係是普遍有效的：

一、如果在 B 處的鐘同在 A 處的鐘同步，那麼在 A 處的鐘也就同 B 處的鐘同步。

二、如果在 A 處的鐘既同 B 處的鐘，又同 C 處的鐘同步，那麼，B 處同 C 處的兩隻鐘也是相互同步的。

這樣，我們借助於某些（假想的）物理經驗，對於靜止在不同地方的各隻鐘，規定了什麼叫做它們是同步的，從而顯然也就獲得了「同時」和「時間」的定義。一個事件的「時間」，就是在這事件發生地點靜止的一隻鐘同該事件同時的一種指示，而這隻鐘是同某一隻特定的靜止的鐘同步的，而且對於一切的時間測定，也都是同這隻特定的鐘同步的。

根據經驗，我們還把下列量值

$$\frac{2\text{AB}}{t'_A - t_A} = c$$

當做一個普適常數（光在真空中的速度）。

要點是，我們用靜止在靜止座標系中的鐘來定義時間；由於它從屬於靜止的座標系，我們把這樣定義的時間叫做「靜系時間」。

§2. 關於長度和時間的相對性

下面的考慮是以相對論原理和光速不變原理為依據的，這兩條原理我們定義如下：

一、物理體系的狀態據以變化的定律，同描述這些狀態變化時所參照的座標系究竟是用兩個在互相勻速移動著的座標系中的哪一個並無關係。

二、任何光線在「靜止的」座標系中都是以確定的速度 c 運動著，不管這道光線是由靜止的物體還是由運動的物體發射出來。由此，得

$$速度 = \frac{光的路程}{時間間隔}$$

這裏的「時間間隔」是依照 §1 中所定義的意義來理解的。

設有一靜止的剛性桿；用一根也是靜止的量桿量得它的長度是 l。我們現在設想這桿的軸是放在靜止座標系的 X 軸上，然後使這根桿沿著 X 軸向 x 增加的方向做勻速的平行移動（速度是 v）。我們現在來考查這根運動著的桿的長度，並且設想它的長度是由下面兩種操作來確定的：

（一）觀察者同前面所給的量桿以及那根要量度的桿一道運動，並且直接用量桿同桿相疊合來量出桿的長度，正像要量的桿、觀察者和量桿都處於靜止時一樣。

（二）觀察者借助於一些安置在靜系中的、並且根據 §1 做同步運行的靜止的鐘，在某一特定時刻 t，求出那根要量的桿的始末兩端處於靜系中的哪兩個點上。用那根已經使用過的在這情況下是靜止的量桿所量得的這兩點之間的距離，也是一種長度，我們可以稱它為「桿的長度」。

由操作（一）求得的長度，我們可稱之為「動系中桿的長

度」。根據相對論原理，它必定等於靜止桿的長度 *l*。

由操作（二）求得的長度，我們可稱之爲「靜系中（運動著的）桿的長度」。這種長度我們要根據我們的兩條原理來加以確定，並且將會發現，它是不同於 *l* 的。

通常所用的運動學心照不宣地假定了：用上述這兩種操作所測得的長度彼此是完全相等的，或者換句話說，一個運動著的剛體，於時期 *t*，在幾何學關係上完全可以用靜止在一定位置上的同一物體來代替。

此外，我們設想，在桿的兩端（*A* 和 *B*），都放著一隻同靜系的鐘同步了的鐘，也就是說，這些鐘在任何瞬間所報的時刻，都同它們所在地方的「靜系時間」相一致；因此，這些鐘也是「在靜系中同步的」。

我們進一步設想，在每一隻鐘那裏都有一位運動著的觀察者同它在一起，而且他們把§1中確立起來的關於兩隻鐘同步運行的判據應用到這兩隻鐘上。設有一道光線在時間 [4]t_A 從 *A* 處發出，在時間 t_B 於 *B* 處被反射回，並在時間 t'_A 返回到 *A* 處。考慮到光速不變原理，我們得到：

$$t_B - t_A = \frac{r_{AB}}{c - v} \quad \text{和} \quad t'_A - t_B = \frac{r_{AB}}{c + v}$$

此處 r_{AB} 表示運動著的桿的長度——在靜系中量得的。因此，同動桿一起運動著的觀察者會發現這兩隻鐘不是同步運行的，可是處在靜系中的觀察者卻會宣稱這兩隻鐘是同步的。

由此可見，我們不能給予同時性這概念以任何絕對的意義；兩個事件，從一個座標系看來是同時的，而從另一個相對於這個座標系運動著的座標系看來，它們就不能再被認爲是同時的事件了。

關於引力對光傳播的影響 （1905）

在四年以前發表的一篇論文[5]中，我曾經試圖回答這樣一個
問題：引力是不是會影響光的傳播？我所以要再回到這個論
題，不僅是因為以前關於這個題目的講法不能使我滿意，更是
因為我現在進一步看到了我以前的論述中最重要的結果之一可
以在實驗上加以檢驗。根據這裏要加以推進的理論可以得出這
樣的結論：經過太陽附近的光線，要經受太陽引力場引起的偏
轉，使得太陽同出現在太陽附近的恆星之間的角距離表觀上要
增加將近弧度一秒。

在這些思考的過程中，還產生了一些有關引力的進一步的

結果。但是由於對整個考查的說明是相當難以理解的，因此下面就應該只提出幾個十分初步的思考，讀者由此能夠容易地瞭解這個理論的前提以及它的思路。這裏推導得的關係，即使理論基礎是正確的，也只是對於第一級近似才有效。

§1. 關於引力場的物理本性的假設

在一均勻重力場（重力加速度γ）中，設有一靜座標系K，它所取的方向使重力場的力線是向著z軸的負方向。在一個沒有引力場的空間裏，設有第二個座標系K'，在它的z軸的正方向上以均勻加速度（加速度γ）運動著。為了考慮問題時避免不必要的複雜化，我們暫且在這裏不考慮相對論，而從習慣的運動學的觀點來考慮這兩個座標系，並且從通常的力學觀點來考慮出現在這兩個座標系中的運動。

相對於K，以及相對於K'，不受別的質點作用的質點是按照方程式運動的。

$$\frac{d^2x}{dt^2} = 0, \frac{d^2y}{dt^2} = 0, \frac{d^2z}{dt^2} = -\gamma.$$

對於加速座標系K'，這可以從伽利略原理直接得出；但是對於在均勻引力場中靜止的座標系K，可以從這樣的經驗中得出，這經驗就是，在這種場中的一切物體都受到同等強度並且均勻的加速。重力場中一切物體都同樣地降落，這一經驗是我們對自然觀察所得到的一個最普遍的經驗；儘管如此，這條定律在我們的物理學世界圖像的基礎中卻不佔有任何地位。

但是，對於這條經驗定律，我們得到了一種很令人滿意的解釋，只要我們假定K和K'兩個座標系在物理學上是完全等效的，那就是說，只要我們假定：我們同樣可以認為座標系K是在沒有引力場的空間裏，但為此我們必須在這時認為K是在均

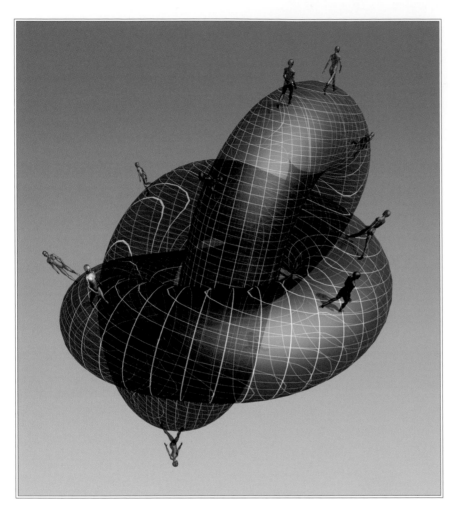

匀加速才行。這種想法使得我們不可能說什麼參考座標系的**絕對加速**度，正像通常的相對論不允許我們談論一個參考座標系的**絕對速度**一樣。[6]這種想法使得重力場中一切物體的同樣的降落成為不言自明的。

只要我們限於僅討論牛頓力學適用範圍內的純力學過程，我們就確信座標系 K 和 K' 的等效性。但是，除非座標系 K 和 K' 對於一切物理過程都是等效的，也就是說，除非相對於 K 的自然規律同相對於 K' 的自然規律都是完全一致的，否則我們的這個想法就沒有更深的意義。當我們假定了這一點，我們就得到了這樣一條原理，如果它真是真實的，它就具有很大的啓發意義。因為從理論上來考查那些相對於一個均勻加速的座標系而發生的過程，我們就獲得了關於均勻引力場中各種過程的全部歷程的資訊。下面首先要加以指明的是，從通常的相對論的觀點來看，我們這個假說具有多大程度值得考慮的概然性。

§2. 關於能量的重力

相對論得到這樣一個結果：物體的慣性質量隨著它所含的能量而增加；如果能量增加了 E，那麼慣性質量的增加就等於 E/c^2，此處 c 表示光速。現在對應於這個慣性質量的增加會不會也有引力質量的增加呢？要是沒有，那麼一個物體在同一個引力場中就會按照它所含能量的多少而以不同的加速度降落。相對論的那個把質量守恆定律合併到能量守恆定律的多麼令人滿意的結果就會保持不住了；因為如果是這樣，我們就不得不放棄以**慣性**質量舊形式來表示的質量守恆定律，而對於引力質量卻還是能保持住。

但是必須認為這是非常靠不住的。另一方面，通常的相對論並沒有給我們提供任何論據，可推論出物體的重量對於它所含能量的依存關係。但是我們將證明，我們關於座標系 K 和 K' 等效的假說給出了能量的重力作為必然的結果。

設有兩個備有量度儀器的物質體系 S_1 和 S_2，位於 K 的 z 軸上，彼此相隔距離 h，[7]使得 S_2 中的引力勢比 S_1 中的引力勢大 $\gamma \cdot h$。有一定的能量 E 以輻射的形式從 S_2 發射到 S_1。這時用某些裝置來量度 S_1 和 S_2 中的能量，這些裝置——帶到座標系 z 的一個地方，並在那裏進行相互比較——都是完全一樣的。關於這個通過輻射來輸送能量的過程，我們不能先驗地加以論斷，因為我們不知道重力場對於輻射以及 S_1 和 S_2 中的量度儀器的影響。

但是，根據我們關於 K 和 K' 等效性的假定，我們能夠把均勻重力場中的座標系 K 代之以一個沒有重力的、在正的 z 方向上均勻加速運動的座標系 K'，而兩個物質體系 S_1 和 S_2 是同它的 z 軸堅固地連接在一起的。

我們從一個沒有加速度的座標系 K_0 出發，來判斷由 S_2 輻射到 S_1 的能量轉移過程。當輻射能 E_2 從 S_2 射向 S_1 的瞬間，設 K' 相

對頁

愛因斯坦的理論模型解釋了時間和空間如何是不可分的。牛頓的時間是和空間相分離的，一如一條可以沿著兩個方向延伸至無限的鐵路線，愛因斯坦的相對論則顯示了時間和空間是密不可分地彼此相聯繫的。

使空間**彎**曲而不涉及時間也是不可能的。於是時間有一個形狀。然而，正如此圖所顯示的，時間似乎有一個單一的方向。

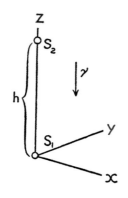

對於K_0的速度是零。當時間過去了$\frac{h}{c}$（取第一級近似值），這輻射會到達S_1。但是在這一瞬間，S_1相對於K_0的速度是$\gamma \cdot \frac{h}{c}=v$。因此，按照通常的相對論，到達$S_1$的輻射所具有的能量不是$E_2$，而是一個比較大的能量$E_1$，它同$E_2$在第一級近似上以如下的方程式發生關係：[8]

$$E_1 = E_2\left(1 + \frac{v}{c}\right) = E_2\left(1 + \gamma\,\frac{h}{c^2}\right) \tag{1}$$

根據我們的假定，如果同樣的過程發生在沒有加速度，但具有引力場的座標系K中，那麼同樣的關係也完全有效。在這種情況下，我們可以用S_2中的引力向量的位勢Φ來代替$\gamma\,h$，只要置S_1中的Φ的任意常數等於零就行了。我們因而得到方程式

$$E_1 = E_2 + \frac{E_2}{c^2}\Phi \tag{1a}$$

這個方程表示關於所考查過程的能量定律。到達S_1的能量E_1，大於用同樣方法量得的在S_2中輻射出去的能量，而這個多出來的能量就是質量$\frac{E}{c}$在重力場中的勢能。這就證明了，為了使能量原理得以成立，我們必須把由一個相當於（重力）質量$\frac{E}{c}$的重力〔而產生〕的勢能歸屬於在S_2發射以前的能量E。我們關於K和K'等效的假定因而就消除了本節開頭所說的那種困難，而這困難是通常的相對論所遺留下來的。

如果我們考查一下如下的循環過程，這個結果的意義就顯得特別清楚：

1. 把能量E（在S_2中量出）以輻射形式從S_2發射到S_1，按照剛才得到的結果，S_1就吸收了能量$E(1 + \frac{\Phi}{c})$（在S_1中量出）。

2. 把一個具有質量M的物體W從S_2下降到S_1，在這一

過程中向外給出了功 $M\gamma h$。

3. 當物體 W 在 S_1 時，把能量 E 從 S_1 輸送到 W。因此改變了重力質量 M，使它獲得 M' 值。

4. 把 W 再提升到 S_2，在這一過程中應當花費功 $M'\gamma h$。

5. 把 E 從 W 輸送回 S_2。

這個循環過程的效果只在於 S_1 經受了能量增加 $E(\gamma\frac{h}{c^2})$，而能量 $M'\gamma h - M\gamma h$，以機械功的形式輸送給這個體系。根據能量原理，因此必定是

$$E\gamma\,\frac{h}{c^2} = M'\gamma h - M\gamma h,$$

或者

$$M' - M = \frac{E}{c^2} \qquad\qquad (1b)$$

於是**重力**質量的增加量等於 $\frac{E}{c^2}$，因而又等於由相對論所給的**慣性**質量的增加量。

這個結果還可以更加直接地從座標系 K 和 K' 的等效性得出來；根據這種等效性，對於 K 的**重力**質量完全等於對於 K' 的慣性質量；因此能量必定具有**重力**質量，其數值等於它的慣性質量。如果在座標系 K' 有一質量 M_0 掛在一個彈簧測力計上，由於 M_0 的慣性，彈簧測力計會指示出表觀重量 $M_0\gamma$。我們把能量 E 輸送到 M_0，根據能量的慣性定律，彈簧測力計會指示出 $(M_0 + \frac{E}{c^2})\gamma$。按照我們的基本假定，當這個實驗在座標系 K 中重做，也就是說在引力場中重做時，必定出現完全同樣的情況。

§3. 重力場中的時間和光速

如果在均勻加速的座標系 K' 中從 S_2 射向 S_1 的輻射，就 S_2 中的鐘來說，它具有頻率 v_2，那麼在它到達 S_1 時，就放在 S_1 中一隻性能完全一樣的鐘來說，它相對於 S_1 所具有的頻率就不再是 v_2，而是一個較大的頻率 v_1，其第一級近似值是

$$v_1 = v_2\left(1 + \gamma \frac{h}{c^2}\right).\tag{2}$$

因為如果我們再引進無加速度的參考座標系 K_0，相對於它，在光發射時，K' 沒有速度，那麼在輻射到達 S_1 時，S_1 相對於 K_0 具有速度 $\gamma\left(\frac{h}{c}\right)$，由此，根據多普勒原理，就直接得出上述關係。

按照我們關於座標系 K' 和 K 等效的假定，這個方程式對於具有均勻重力場的靜止座標系 K 也該有效，只要在這個座標系中有上述輻射輸送發生。由此可知，一條在 S_2 中在一定的重力勢下發射的光線，在它發射時——對照 S_2 中的鐘——具有頻率 v_2，而在它到達 S_1 時，如果用一隻放在 S_1 中的性能完全相同的鐘來度量，就具有不同的頻率 v_1。如果我們用 S_2 的重力位勢 Φ——它以 S_1 作為零點——來代替 γh，並且假定我們對於均勻引力場所推導出來的關係也適用於別種形式的場，那麼就得到

$$v_1 = v_2\left(1 + \frac{\Phi}{c^2}\right)\tag{2a}$$

這個（根據我們的推導在第一級近似有效的）結果首先允許作下面的應用。設 v_0 是用一隻精確的鐘在同一地點所量得的一個基元光發生器的振動數，於是這個振動數同光發生器以及鐘安放在什麼地方都是沒有關係的。我們可以設想這兩者都是在太陽表面的某一個地方（我們的 S_2 就在那裏）。從那裏發射

出去的光有一部分到達地球（S_1），在地球上我們用一隻同剛才所說的那隻鐘性能完全一樣的鐘U來量度到達的光線的頻率。因此，根據(2a)，

$$v = v_0\left(1 + \frac{\Phi}{c^2}\right),$$

此處 Φ 是太陽表面同地球之間的（負的）引力勢差。於是，按照我們的觀點，日光譜線同地球上光源的對應譜線相比較，

時間是可逆的嗎？似乎沒有什麼論證支持這一點，這個宇宙也是不支持它的。

必定稍微向紅端移動，而且事實上移動的相對總量是

$$\frac{v_0 - v}{v_0} = -\frac{\Phi}{c^2} = 2.10^{-6}$$

要是產生日光譜線的條件是完全已知的，這個移動也就可以量得出來。但是由於有別的作用（壓力、溫度）影響這些譜線重心的位置，那就難以發現這裡所推斷的引力勢的影響實際上究竟是否存在。[9]

在膚淺的考查下，方程式(2)或者(2a)，似乎表述了一種謬誤。在從 S_2 到 S_1 有恆定的光傳送的情況，除了 S_2 中所發射的以外，怎麼可能還有別的每秒週期數到達 S_1 呢？但答案是簡單的。我們不能把 v_2 或 v_1 簡單地看做是頻率（作為每秒週期數），因為我們還沒有確定座標系 K 中的時間。v_2 所表示的是參照於 S_2 中的鐘 U 的時間單位的週期數，而 v_1 卻表示參照於 S_1 中同樣性能的鐘的單位時間週期數。沒有理由可迫使我們假定在不同引力勢中的兩隻鐘 U 必須認為是以同一速率運行的。相反，我們倒不得不這樣來定義 K 中的時間：處在 S_2 同 S_1 之間的波峰和波谷的數目同時間的絕對值無關；因為所觀察的這個過程按其本性是一種穩定的過程。要是我們不滿足於這個條件，我們所得到的時間定義在應用時，就會使時間明顯地進入自然規律之中，這當然是不自然的，也是不適當的。因此，S_1 和 S_2 中兩隻鐘並不是都正確地給出「時間」。如果我們用鐘 U 來量 S_1 中的時間，**那麼我們就必須用這樣的一隻鐘來量 S_2 中的時間，這隻鐘如果在同一個地方同鐘 U 作比較時，它就要比 U 慢 $1+\frac{\Phi}{c^2}$ 倍。** 因為，用一隻這樣的鐘來量，上述光線當它在 S_2 中發射時的頻率是

$$v_2\left(1+\frac{\Phi}{c^2}\right)$$

從而根據(2a)，它也就等於這道光線到達 S_1 時的頻率 v_1。

　由此得到一個對我們的理論有根本性重要意義的結果。因
為，如果我們用一些性能完全一樣的鐘U，在沒有引力的、加
速座標系K'中的不同地方來量光速，我們就會在處處得到同一
數值。根據我們的基本假定，這對於座標系K也該同樣有效。
但是從剛才所說的，我們在一些具有不同引力勢的地方量度時
間時，就必須使用性能不同的鐘。因為要在一個相對於座標原
點具有引力勢Φ的地方量時間，我們必須使用的鐘──當它移
到座標原點時──要比在座標原點上量時間所用的那隻鐘慢($1+$

）倍。如果我們把座標原點上的光速叫做c_0，那麼在一個具有引力勢Φ的地方的光速c就由關係

$$c = c_0\left(1 + \frac{\Phi}{c^2}\right) \tag{3}$$

得出。光速不變原理仍然適用於這個理論，但是它已不像平常那樣作為通常的相對論的基礎來理解了。

§4. 光線在引力場中的彎曲

由剛才證明的「在引力場中的光速是位置的函數」這個命題，可以用惠更斯原理容易地推論出：光線傳播經過引力場時必定要受到偏轉。設 ε 是一平面光波在時間t時的波前，P_1和P_2是那個平面上的兩個點，彼此相隔一個單位的距離。P_1和P_2是在這張紙的平面上，並且這樣來選擇它，使得在這平面的法線方向上所取的Φ的微商等於零，因而c的微商也等於零。當我

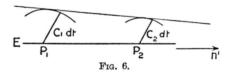

FIG. 6.

們分別用以P_1和P_2兩點為中心，c_1dt和c_2dt為半徑作出圓（此處c_1和c_2分別表示P_1和P_2點上的光速），再作出這些圓的切線，我們就得到在時間$t+dt$的對應的波前，或者波前同這張紙平面的交線。這道光線在路程cdt中的偏轉角因而是

$$\left(c_1 - c_2\right)dt = -\frac{\partial c}{\partial n'}dt,$$

如果光線是彎向n'增加的那一邊，我們就把偏轉角算作是正的。每單位光線路程的偏轉角因而是

$$-\frac{1}{c}\frac{\partial c}{\partial n'},$$

或者根據 (3)，等於

$$-\frac{1}{c^2}\frac{\partial \Phi}{\partial n'}$$

最後，我們得到光線在任何路線 (s) 上所經受的向著 n' 這一邊的偏轉 α 的表示式

$$a = -\frac{1}{c^2}\int\frac{\partial \Phi}{\partial n'}\,ds \tag{4}$$

通過直接考查光線在均勻加速座標系 K' 中的傳播，並且把這結果轉移到座標系 K 中，由此又轉移到任何形式的引力場的情況中，我們也可以得到同樣的結果。

關於我們宇宙的生與死的標準模型。如果沒有愛因斯坦的理論工作，那麼這個理論在數學上就是不可能的。

這幅圖從左到右──大爆炸之後一萬億分之一秒，宇宙從小於一個原子的尺度和一包糖的質量，膨脹到一個星系的尺度。

宇宙繼續和星系一起膨脹，最終恆星、原子和離子變得越來越分離，直到整個宇宙成為一個耗盡的、荒蕪的虛空。第二個模型顯示，加速度最終停止，宇宙在引力的作用下，坍縮成一個大的黑洞，開始大擠壓。

根據方程式 (4)，光線經過天體附近要受到偏轉，偏轉的方向是向著引力勢減小的那一邊，因而是向著天體的那一邊，偏轉的大小是

$$a = \frac{1}{c^2} \int_{\theta=-\frac{1}{2}\pi}^{\theta=\frac{1}{2}\pi} \frac{k\mathrm{M}}{r^2} \cos\theta\, ds = 2\frac{k\mathrm{M}}{c^2\Delta}$$

此處 k 表示引力常數，M 表示天體的質量，$\triangle$ 表示光線同天體中心的距離。**光線經過太陽附近因此要受到 $4\times10^{-6} = 0.83$ 弧度秒的偏轉。** 星球同太陽中心的角距離由於光線的偏轉顯得增加了這樣一個數量。由於在日全食時可以看到太陽附近天空的恆星，理論的這一結果就可以同經驗進行比較。對於木星，所期望的位移大約達到上述數值的 1/100。迫切希望天文學家接受這裏所提出的問題，即使上述考查看起來似乎是根據不足或者完全是冒險從事。除了各種理論（問題）以外，人們還必然會問：究竟有沒有可能用目前的裝置來檢驗引力場對光傳播的影響？

廣 義 相 對 論 的 基 礎 （1916）

A. 對相對性公設的原則性考查

§1. 對狹義相對論的評述

狹義相對論是以下面的公設為基礎的（而伽利略—牛頓的力學也滿足這個公設）：如果選取一個座標系 K，使物理定律參照於這個座標系得以最簡單的形式成立，那麼對於任何另一個相對於 K 做勻速平移運動的座標系 K'，這些定律也同樣成立。這條公設我們叫它「狹義相對論原理」。「狹義」（speziell）這個詞表示這條原理限制在 K' 對 K 做勻速平移運動的情況，但 K' 同 K 的等效性並沒有擴充到 K' 對 K 做非勻速運動的情況。

因此，狹義相對論同古典力學的分歧，不是由於相對論原理，而只是出於真空中光速不變的公設，出這公設，結合狹義相對論原理，以大家都知道的方法，得出了同時性的相對性，洛倫茲變換，以及同它們有關的關於運動的剛體和時鐘性狀的

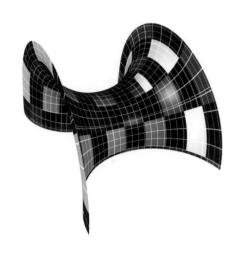
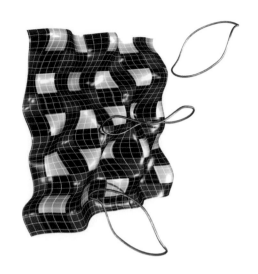

定律。

　　狹義相對論使空間和時間的理論所受的修改確實是深刻的，但在一個重要之點卻保持原封未動。即使依照狹義相對論，幾何定律也都被直接解釋爲關於（靜止）固體可能的相對位置的定律；而且，更一般地把運動學定律解釋成爲描述量具和時鐘之間關係的定律。對於一個靜止（剛）體上兩個選定的質點，總對應著一個長度完全確定的距離，這距離同剛體所在的地點和它的取向都無關，而且也同時間無關。對於一隻與（特許的）參考座標系相對靜止的時鐘上兩個選定的指標位置，總對應著一個具有一定長度的時間間隔，這個間隔同地點和時間無關。我們馬上就要指出，廣義相對論就不能再固執堅持這種關於空間和時間的簡單物理解釋了。

§2. 擴充相對性公設的緣由

　　在古典力學裏，同樣也在狹義相對論裏，有一個固有的認識論上的缺點，這個缺點恐怕是由馬赫（Ernst　Mach）最先清

楚地指出來的。我們用下面的例子來闡明它：兩個同樣大小和同樣性質的流質物體在空間自由地飄蕩著，它們相互之間（以及同一切別的物體）的距離都是如此之大，以至於只要考慮各個物體自身各部分相互作用的那些引力就行了。設這兩個物體之間的距離不變，各個物體自身的各部分彼此不發生相對運動。但當這兩個物體中的任何一個——從對另一物體相對靜止的觀察者來判斷——以恆定的角速度繞著兩者的連線在轉動（這是一種可以驗證的兩個物體的相對運動）時，現在讓我們設想，借助於一些（相對靜止的）量桿來測定這兩個物體（S_1 和 S_2）的表面；結果是 S_1 的表面是球面，而 S_2 的表面是回轉橢球面。

現在我們要問：為什麼這兩個物體 S_1 和 S_2 的形狀有這樣的差別呢？對於這個問題的答案所根據的事實只有它是可**觀察的經驗事實**時，才能在認識論上被認為是令人滿意的答案；[10]因為，只有當**可觀察到的事實**最終表現為原因和結果時，因果律才具有一個關於經驗世界的陳述的意義。

牛頓力學在這問題上沒有給出令人滿意的答案。它的說法如下：對於物體 S_1 對之是靜止的那個空間 R_1，力學定律是適用的；但對於物體 S_2 是靜止的空間 R_2，力學定律則不適用。但這樣引進（對它做相對運動的）特許的伽利略空間 R_1，不過是一種純虛構的原因，而不是可被觀察的事實。因此，顯然在所考查的情況下，牛頓力學實際上並不滿足因果性的要求，而只是表面上滿足而已，因為它用**純虛構**的原因 R_1 來說明 S_1 和 S_2 兩物體的可觀察到的不同性狀。

對上述問題的一個令人滿意的答案只能這樣說：由 S_1 和 S_2 所組成的物理體系，僅僅由它本身顯示不出任何可想像的原因，能說明 S_1 和 S_2 的這種不同形狀。所以這原因必定是在這個體系的外面。我們得到這樣一種理解，即認為那個特別決定

著 S_1 和 S_2 形狀的普遍的運動定律必定是這樣的：S_1 和 S_2 的力學性狀在十分主要的方面必定是由遠處的物體共同決定的，而我們沒有把這些物體估計在所考查的這個體系裏。這些遠處的物體（以及它們對所考查物體的相對運動），就被看成是我們所考查的這兩個物體 S_1 和 S_2 有不同性狀的原因所在，並且原則上是可被觀察的；它們承擔著那個虛構的原因 R_1 的作用。如果要不使上述認識論的指摘再復活起來，一切可想像的、彼此相對做任何一類運動的空間 R_1，R_2 等之中，就沒有一個可以先驗地被看成是特許的。**物理學的定律必須具有這樣的性質，它們對於以無論哪種方式運動著的參考座標系都是成立的**。循著這條道路，我們就到達了相對性公設的擴充。

除了這個有分量的認識論的論證外，還有一個為擴充相對論辯護的著名物理事實。設 K 是一個伽利略參考座標系，那是這樣的一種參考座標系，相對於它（至少在所考查的四維區域內），有一個同別的物體離得足夠遠的物體在做直線的勻速運動。設 K' 是第二個座標系，它相對於 K 做**均勻加速**的平移運動。因此，一個離別的物體足夠遠的物體，相對於 K' 該有一加速運動，而其加速度及其加速度的方向都同這一物體的物質組成和物理狀態無關。

一位對 K' 相對靜止的觀察者能否由此得出結論，說他是在一個「真正的」加速參考座標系之中呢？回答是否定的；因為相對於 K' 自由運動的物體的上述性狀可以用下面的方式作同樣恰當的解釋。參考座標系 K' 不是加速的；可是在所討論的時間—空間領域裏有一個引力場在支配著，它使物體得到了相對於 K' 的加速運動。

這種觀點所以成為可能，是因為經驗告訴我們，存在一種力場（即引力場），它具有給一切物體以同樣的加速度那樣一種值得注意的性質。[11] 物體相對於 K' 的力學性狀，同在那些被

相對論依賴於光速的恆定（每秒186000英里或300000公里）。光在一年的時間 走過5.6萬億英里。它等於63.240個天文單位（日地距離）。太陽系中離我們最遠的行星冥王星距離我們有49.3個天文單位，離我們最近的恆星半人馬座 α 星距離我們有4.3光年。銀河的邊界距離我們爲50000光年，而最近的星系仙女座則有230萬光年之遙。我們用肉眼所能看見的大多數恆星都不超過1000光年。

我們習慣上當做「靜止的」或者當做「特許的」參考座標系中所經驗到的物體的力學性狀，都是一樣的；因此，從物理學的立場看來，就很容易承認，K 和 K' 這兩參考座標系都有同樣的權利可被看做是「靜止的」，也就是說，作爲對現象的物理描述的參考座標系，它們都有同等的權利。

根據這些考慮就會看到，廣義相對論的建立，同時必定會導致一種引力論，因爲我們只要僅僅改變座標系就能「產生」一種引力場。我們也就立即可知，眞空中光速不變原理必須加以修改。因爲我們不難看出，如果參照 K，光是以一定的不變速度沿著直線傳播的，那麼參照於 K'，光線的路程一般必定是曲線。

§3. 空間—時間連續區表示自然界普遍規律的方程式所要求的廣義協變性

古典力學裏，同樣在狹義相對論裏，空間和時間的座標都有直接的物理意義。一個點事件的 X_1 座標爲 x_1，它的意思是

說：當我們在（正的）X_1軸上把一根選定的桿（單位量桿）從座標原點起挪動x_1次，就得到用剛性桿按歐幾里得幾何規則所定的這一點事件在x_1軸上的投影。一個點事件的x_4座標爲$x_4＝$t，它的意思是說：用一隻按一定規則校準過的單位鐘，它對於座標系是相對靜止地放著的，並且在空間中（實際上）同這點事件相重合的，[12]當這事件發生時，單位鐘經歷了$x_4＝$t個週期。

空間和時間的這種理解總是浮現在物理學家的心裏，儘管他們大多數並沒意識到這一點，這可以從這兩個概念在量度的物理學中所起的作用清楚地看到；讀者必須以這種理解作爲前一節的第二種考慮的基礎，他才能把那裏得出的東西給以一種意義。但是我們現在要指出：如果狹義相對論切合於那種不存在引力場的極限情況，那麼，爲了使廣義相對性公設能夠貫徹到底，我們就必須把這種觀念丟在一旁，而代之以一種更加廣泛的觀念。

在一個沒有引力場的空間裏，我們引進一個伽利略參考座標系$K(x，y，z，t)$，此外又引進一個對K做相對均勻轉動的座標系$K'(x'，y'，z'，t')$。設這兩個〔參照〕系的原點以及它們的Z軸都永遠重合在一起。我們將要證明，對於K'系中的空間—時間量度，關於長度和時間的物理意義的上述定義不能維持。由於對稱的緣故，在K的$X-Y$平面上一個繞著原點的圓，顯然也可以同時被認爲是K'的$X'-Y'$平面上的圓。現在我們設想，這個圓的周長和直徑，用一個（比起半徑來是無限小的）單位量桿來量度，並且作這兩個量度結果的商。倘若我們是用一根相對靜止於伽利略座標系K的量桿來做這個實驗的，那麼我們得到的這個商的值該是π。如果用一根同K'相對靜止的量桿來量，這商就要大於π。這是不難理解的，只要我們是由「靜」系K來判斷整個量度過程，並且考慮到量度圓周時，量桿要受

對頁
三個宇宙模型：它們的暴脹、膨脹和收縮。

上圖
宇宙突然膨脹，但回落到其自身，以一個巨大的黑洞開始一次大擠壓。

中圖
這個宇宙似乎像我們這個宇宙，它有第二次加速膨脹，直到宇宙變成一個毫無生機的耗盡的虛空，或者像一個黑洞的頂端。

底圖
宇宙在其生命早期膨脹，而且一直持續下去，沒有產生星系或主恆星。每一幅圖中的桔黃色的線標明了主要加速膨脹發生的點。

到洛倫茲收縮，而量度半徑時則不會。因此，歐幾里得幾何不適用於 K'；前面所定義的座標觀念，它以歐幾里得幾何的有效性作為前提，所以對於 K' 系說來，它就失效了。我們同樣很少可能在 K' 中引進一種用一些同 K' 相對靜止的而性能一樣的鐘來表示的合乎物理要求的時間。為了理解這一點，我們設想在座標原點和圓周上各放一隻性能一樣的鐘，並且從「靜」系 K 來觀察。根據狹義相對論的一個已知的結果，在圓周上的鐘——從 K 來判斷——要比原點上的鐘走得慢些，因為前一隻鐘在運動，而後一隻鐘則不動。一個處在公共座標原點上的觀測者，如果他又能夠用光來觀察圓周上的鐘，他就會看出那隻在圓周上的鐘比他身邊的鐘要走得慢。由於他不會下決心讓沿著所考察的這條路線上的光速明顯地同時間有關，於是他將把他所觀察到的結果解釋成為在圓周上的鐘「真是」比原點上的鐘走得慢些。因此他不得不這樣來定義時間：鐘走得快慢取決於它所在的地點。

我們因此得到這樣的結果：在廣義相對論裏，空間和時間的量不能這樣來定義，即以為空間的座標差能用單位量桿直接量出，時間的座標差能用標準鐘量出。

迄今所用的，以確定的方式把座標安置在時間空間連續區的方法，由此失效了，而且似乎沒有別的辦法可讓我們把座標來這樣適應於四維世界，使得我們可以通過它們的應用而期望得到一個關於自然規律的特別簡明的表述。所以，對於自然界的描述，除了把一切可想像的座標系都看作在原則上是具有同樣資格的，此外就別無出路了。這就要求：

普遍的自然規律是由那些對一切座標系都有效的方程式來表示的，也就是說，它們對於無論哪種代換都是協變的（廣義協變）。

顯然，凡是滿足這條公設的物理學，也會適合於廣義相對

論公設的。因爲在全部代換中總也包括了那樣一些代換，這些代換同（三維）座標系中一切相對運動相對應。從下面的考慮可以看出，去掉空間和時間最後一點物理客觀性殘餘的這個廣義協變性的要求，是一種自然的要求。我們對於空間—時間的一切確定，總是歸結到對空間—時間上的重合所作的測定。比如，要是只存在由質點運動組成的事件，那麼，除了兩個或者更多個這些質點的會合外，就根本沒有什麼東西可觀察的了。而且，我們的量度結果無非是確定我們量桿上的質點同別的質點的這種會合，確定時鐘的指標、鐘面標度盤上的點，以及所觀察到的在同一地點和同一時間發生的點事件三者的重合。

參考座標系的引進，只不過是用來便於描述這種重合的全體。我們以這樣的方式給世界配上四個空間—時間變數 x_1、x_2、x_3、x_4，使得每一個點事件都有一組變數 $x_1 \cdots x_4$ 的值同它對應。兩個相重合的事件則對應同一組變數 $x_1 \cdots x_4$ 的值；也就是說，重合是由座標的一致來表徵的。如果我們引進變數 $x_1 \cdots x_4$ 的函數 x_1'、x_2'、x_3'、x_4' 作爲新的座標系來代替這些變數，使這兩組數值一一對應起來，那麼，在新座標系中所有四個座標的相等也都表示兩個點事件在空間—時間上的重合。由於我們的一切物理經驗最後都可歸結爲這種重合，也就沒有什麼理由要去偏愛某些座標系，而不喜歡別的座標系，這就是說，我們達到了廣義協變性的要求。

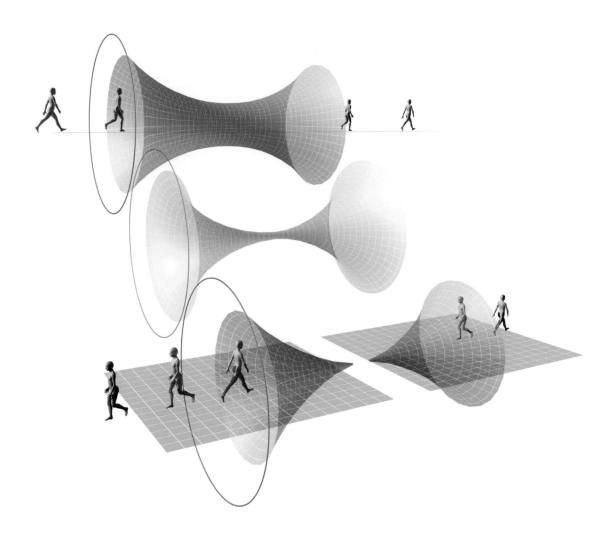

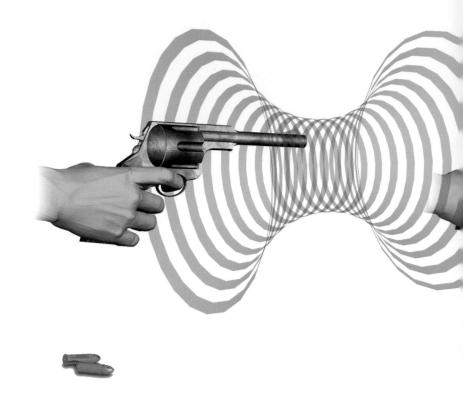

根據廣義相對論對宇宙學所作的考查（1917）

大家知道，泊松微分方程式

$$\nabla^2 \phi = 4\pi K \rho \tag{1}$$

與質點運動方程式結合起來，並不能完全代替牛頓的超距作用理論。還必須加上這樣的條件，即在空間的無限遠處，位勢趨向一固定的極限值。在廣義相對論的引力論中，存在著類似的情況；在這裏，如果我們真的要認為宇宙在空間上是無限擴延的，我們也就必須給微分方程式在空間無限遠處加上邊界條件。

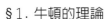

在處理行星問題時，對這些邊界條件，我選取了如下假定的形式：可能選取這樣一個參考座標系，使引力勢$g_{\mu\nu}$在空間無限遠處全都變成常數。但是當我們要考查物理宇宙（Körperwelt）的更大部分時，我們是否可以規定這樣的邊界條件，這絕不是先驗地明白的。下面要講的是我到目前為止對這個原則性的重要問題所作的考慮。

蟲洞所引發的悖論。如果我們逆著時間旅行，並且擁有改變過去從而改變未來的能力，那麼如果你可以使時間倒流，並且在你的父親或母親尚未出生時殺死你的祖父，那麼會發生什麼？

§1. 牛頓的理論

大家知道，牛頓的邊界條件，即ϕ在空間無限遠處有一恆定極限，導致了這樣的觀念：物質密度在無限遠處變為零。我們設想，在宇宙空間裏可能有這樣一個地點（中心），在由四

周生成的物質的引力場在大範圍看來是球對稱的。於是由泊松方程式得知，為了使 φ 在無限處趨於一個極限，平均密度 ρ 當離中心的距離 r 增加時，必須比 $1/r^2$ 更快地趨近於零。[13] 因此，在這個意義上，依照牛頓的理論，宇宙是有限的，儘管它也可以有無限大的總質量。

由此首先得知，天體所發射的輻射，一部分將離開牛頓的宇宙體系向外面輻射出去，消失在無限遠處而不起作用。所有天體難道不會有這樣的遭遇嗎？對這問題很難有可能給以否定的回答。因為，從 φ 在空間無限遠處有一有限的極限這一假定可知，一個具有有限動能的天體是能夠克服牛頓的引力而到達空間無限遠處的。根據統計力學，這情況必定隨時發生，只要星系的總能量足夠大，使它傳給某一星體的能量大到足以把這顆星送上向無限的旅程，而且從此它就一去不復返了。

我們不妨嘗試假定那個極限勢在無限遠處有一非常高的值，以免除這一特殊的困難。要是引力勢的變化過程不必由天體本身來決定，那或許是一條可行的途徑。實際上我們卻不得不承認，引力場的巨大勢差的出現是同事實相矛盾的。實際上這些勢差的數量級必須是如此之低，以至於它們所產生的星體速度不會超過實際觀察到的速度。

如果我們把玻耳茲曼的氣體分子分佈定律用到星體上去，以穩定的熱運動中的氣體來同星系相對照，我們就會發現牛頓的星系根本不能存在。因為中心和空間無限遠處之間的有限勢差是同有限的密度比率相對應的。因此，從無限遠處密度等於零，就得出中心密度也等於零的結論。

這些困難，在牛頓理論的基礎上幾乎是無法克服的。我們可以提出這樣的問題：是否可以把牛頓理論加以修改從而消除這些困難呢？為了回答這個問題，我們首先指出一個本身並不要求嚴格對待的方法；它只是為了使下面所講的內容更好地表

達出來。我們把泊松方程式改寫成

$$\nabla^2 \phi - \lambda \phi = 4\pi\kappa\rho \qquad (2)$$

此處 λ 表示一個普適常數。如果 ρ_0 是質量分佈的（均勻）密度，則

$$\phi = -\frac{4\pi\kappa}{\lambda}\rho_0 \qquad (3)$$

是方程式（2）的一個解。如果這個密度 ρ_0 等於宇宙空間物質的實際平均密度，這個解就該相當於恆星的物質在空間均勻分佈的情況。這個解對應於一個平均地說是均勻地充滿物質的空間的無限廣延。如果對平均分佈密度不作任何改變，而我們設想物質的局部分佈是不均勻的，那麼在方程式（3）的常數的 ϕ 值之外，還要加上一個附加的 ϕ，當 $\lambda\phi$ 比起 $4\pi\kappa\rho$ 來愈小時，這個 ϕ 在較密集的質量鄰近就愈像一個牛頓場。

這樣構成的一個宇宙，就其引力場來說，該是沒有中心的。所以用不著假定在空間無限遠處密度應該減少，而只要假定平均勢和平均密度一直到無限遠處都是不變的就行了。在牛頓理論中所碰到的同統計力學的衝突在這裏也就不存在了。具有一個確定的（極小的）密度的物質是平衡的，用不著物質的內力（壓力）來維持這種平衡。

§2. 符合廣義相對論的邊界條件

下面我要引導讀者走上我自己曾經走過的一條有點兒崎嶇和曲折的道路，因為只有這樣我才能希望他會對最後的結果感到興趣。我所得到的見解是，為了在廣義相對論基礎上避免在上節中對牛頓理論所闡述過的那些原則性困難，至今一直為我所維護的引力的場方程式還要稍加修改。這個修改完全對應於

一顆處於穩定期的恆星，光正從
其表面逃逸出來。

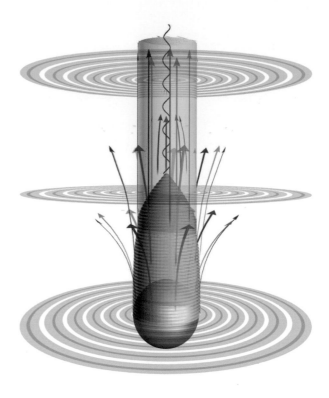

一顆恆星開始坍縮（中間期），
光被拉回其表面，直到沒有光能
夠逃逸的那一點到來爲止（事件
的視界）。該恆星變成了一個奇
點。

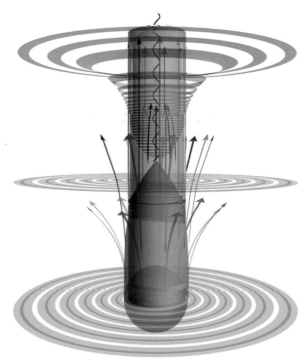

前一節中從泊松方程式(1)到方程式(2)的過渡。於是最後得出，在空間無限遠處的邊界條件完全消失了，因爲宇宙連續區，就它的空間的廣延來說，可以理解爲一個具有有限空間（三維的）體積的自身閉合的連續區。

關於在空間無限遠處設置邊界條件，我直到最近所持的意見是以下面的考慮爲根據的。在一個邏輯自洽的相對論中，不可能有相對於「空間」的慣性，而只有物體相互的慣性。因此，如果我使一個物體距離宇宙中別的一切物體在空間上都足夠遠，那麼它的慣性必定減到零。我們試圖用數學來表示這個條件。

根據廣義相對論，（負）動量由乘以 $\sqrt{-g}$ 的協變張量的前三個分量來定出，能量則由乘以 $\sqrt{-g}$ 的協變張量的最後一個分量來定出

$$m\sqrt{-g}\,g_{\mu\alpha}\frac{dx_{\alpha}}{ds} \tag{4}$$

像通常一樣，此處我們置

$$ds^2 = g_{\mu\nu}dx_{\mu}dx_{\nu} \tag{5}$$

如果能夠這樣來選擇座標系，使在每一點的引力場在空間上都是各向同性的，在這樣特別明顯的情況下，我們就比較簡單地得到

$$ds^2 = -A\left(dx_1^2 + dx_2^2 + dx_3^2\right) + B dx_4^2.$$

如果同時又有

$$\sqrt{-g} = 1 = \sqrt{A^3 B}$$

就微小速度的第一級近似來說，我們由（4）就得到動量的分量：

$$m\frac{A}{\sqrt{B}}\frac{dx_1}{dx_4}, m\frac{A}{\sqrt{B}}\frac{dx_2}{dx_4}, m\frac{A}{\sqrt{B}}\frac{dx_3}{dx_4}$$

和能量（在靜止的情況下）

$$m\sqrt{B}$$

從動量的表示式，得知 $m\frac{A}{\sqrt{B}}$ 起著慣性質量的作用。由於 m 是質點所特有的常數，同它的位置無關，那麼在空間無限遠處保持著行列式條件的情況下，只有當 A 減小到零，而 B 增到無限大時，這個表示式才能等於零。因此，係數 $g_{\upsilon\nu}$ 的這樣一種簡併，似乎是那個關於一切慣性的相對性公設所要求的。這個要求也意味著在無限遠處的各個點的勢能 $m\sqrt{B}$ 變成無限大。這樣，質點永不能離開這個體系；而且比較深入的研究表明，這對於光線也應該同樣成立。一個宇宙體系，如果它的引力勢在無限遠處有這樣的性狀，那麼就不會像以前對牛頓理論所討論過的那樣，有瀕於消散的危險。

我要指出，關於引力勢的這個簡化了的假定（我們把它作為這個考慮的依據），只是為了使問題明朗起來而引進來的。我們能夠找出關於 $g_{\upsilon\nu}$ 在無限遠處性狀的一般公式，而且不需要對這些公式作進一步限制性假定，就能把事物的本質方面表達出來。

在數學家格羅梅樂（J. Grommer）誠摯的幫助下，我研究了球狀對稱的靜引力場，這種場以所述的方式在無限遠處簡併。引力勢 $g_{\upsilon\nu}$ 被定出來了，並且由此根據引力的場方程算出了物質的能量張量 $T_{\mu\nu}$。但同時也表明，對於恆星系，這種邊界條件是根本不能加以考慮的，正如不久前天文學家德·席特（de Sitter）也正確地指明的那樣。

有重量物質的抗變的能量張量 $T_{\mu\nu}$ 同樣是由

$$T^{\mu\nu} = \rho \frac{dx_\mu}{ds} \frac{dx_\nu}{ds},$$

給出的，此處 ρ 表示自然量度到的物質密度。通常座標系的適當選取，可使星的速度比起光速來是非常小的。因此我們可用 $\sqrt{g_{44}}\,dx_4$ 來代替 ds。由此可知，$T^{\mu\nu}$ 的一切分量比起最後一個分量 T^{44} 來，必定都是非常小的。但是，這個條件同所選的邊界條件無論如何不能結合在一起。後來看到，這個結果並沒有什麼可奇怪的。星的速度很小這件事，允許下這樣的結論：凡是有恆星的地方，沒有一處其引力勢（在我們的情況下是 $\sqrt{B}$）能比我們所在地方的大得很多；這同牛頓理論的情況一樣，也是由統計的考慮得到的結果。無論如何，我們的計算已使我確信，對於在空間無限遠處的 $g_{\mu\nu}$，不可做這樣退化條件的假設。

在這個嘗試失敗以後，首先出現了兩種可能性。

(a) 像在行星問題中那樣，我們要求，對於適當選取的參考座標系來說，$g_{\mu\nu}$ 在空間無限遠處接近如下的值：

$$\begin{array}{cccc} -1 & 0 & 0 & 0 \\ 0 & -1 & 0 & 0 \\ 0 & 0 & -1 & 0 \\ 0 & 0 & 0 & 1 \end{array}$$

(b) 對於空間無限處所需要的邊界條件，我們根本不去建立普遍的有效性；但在所考查區域的空間邊界，對於每一個別情況，我們都必須分別定出 $g_{\mu\nu}$，正像我們一向所習慣的要分別給出時間的初始條件一樣。

可能性 (b) 不是相當於問題的解決，而是放棄了問題的解決。這是目前德・席特所提出的一個無可爭辯的觀點。[14]但是

我必須承認，要我在這個原則性任務上放棄那麼多，我是感到沉重的。除非一切為求滿意的理解所作的努力都被證明是徒勞無益時，我才會下那種決心。

可能性 (a) 在許多方面是不能令人滿意的。首先，這些邊界條件要以參考座標系的一種確定的選取為先決條件，那是違背相對論原理的精神的。其次，如果我們採用了這種觀點，我們就放棄了慣性的相對性是正確的這個要求。因為一個具有自然量度的質量 m 的質點的慣性是取決於 $g_{\upsilon\upsilon}$ 的；但這些 $g_{\upsilon\upsilon}$ 同上面所假定的在空間無限遠處的值相差很小。所以慣性固然會受（在有限空間裏存在的）物質的**影響**，但不會由它來**決定**。如果只存在一個唯一的質點，那麼從這種理解方式來看，它就該具有慣性，這慣性甚至同這個質點受我們實際宇宙的其他物體所包圍時的慣性差不多一樣大小。最後，前面對牛頓理論所講的那些統計學上的考慮，就會有效地反對這種觀點。

從迄今所說的可看出，對空間無限遠處建立邊界條件這件事並沒有成功。雖然如此，要不作 (b) 情況下所說的那種放棄，還是存在著一種可能性。因為如果有可能把宇宙看做是一個**就其空間廣延來說是閉合的**連續區，那麼我們就根本不需要任何這樣的邊界條件。下面將表明，不僅廣義相對論要求，而且很小的星速度這一事實，都是同整個宇宙空間的閉合性這一假說相容的；當然，為了貫徹這個思想，需要把引力的場方程加以修改，使之變得更有普遍性。

對頁及次頁
弦理論已經提出了關於宇宙可能怎樣開始的新理論，它很大程度上是在愛因斯坦死後發展出來的。

對頁
根據弦理論和膜理論新近提出的一個關於宇宙開端的模型。隨著兩張膜（多維存在）彼此越來越接近，它們越過多維而創造了一次或多次大爆炸。極度劇烈的接觸又把它們彼此拋離，但在這個過程中又產生了潛在的能量。

對頁

弦理論中的最終的膜代表著一
個展開的宇宙序列的終結和開
始——來自大擠壓的大爆炸。

§3. 空間上閉合並具有均勻分佈的物質的宇宙

根據廣義相對論，在每一點上，四維空間─時間連續區的
度規特徵（曲率），都是由在那個點上的物質及其狀態來決定
的。因此，由於物質分佈的不均勻性，這個連續區的度規結構
必然極爲複雜。但如果我們只從大範圍來研究它的結構，我們
可以把物質看做是均勻地散佈在龐大的空間裏的，由此，它的
分佈密度是一個變化極慢的函數。這樣，我們的做法很有點兒
像大地測量學者那樣，他們拿橢球面來當做在小範圍內具有極
其複雜形狀的地球表面的近似。

我們從經驗中知道的關於物質分佈的最重要事實是，星的
相對速度比起光的速度來是非常小的。因此我相信我們可以暫
時把我們的考慮建築在如下的近似假定上：存在這樣一個座標
系，相對於它，物質可以看做是保持靜止的。於是，對於這個
參考座標系來說，物質的抗變能量張量 $T^{\mu\nu}$ 按照 (5) 有下面的
簡單形式：

$$
\begin{matrix}
0 & 0 & 0 & 0 \\
0 & 0 & 0 & 0 \\
0 & 0 & 0 & 0 \\
0 & 0 & 0 & \rho
\end{matrix}
\tag{6}
$$

（平均的）分佈密度標量 ρ 可以先驗地是空間座標的函
數。但是如果我們假定宇宙是空間上閉合的，那就很容易作出
這樣的假說：ρ 是同位置無關的。下面的討論就是以這一假說
爲根據的。

就引力場來說，由質點的運　方程

$$
\frac{d^2 x_\nu}{ds^2} + \{\alpha\beta,\ \nu\} \frac{dx_\alpha}{ds} \frac{dx_\beta}{ds} = 0
$$

得知：只有在 g44 是同位置無關時，靜態引力場中的質點
才能保持靜止。既然我們又預先假定一切的量都同時間座標 x_4

無關，那麼關於所求的解，我們能夠要求：對於一切 $x\nu$，

$$g_{44} = 1 \tag{7}$$

再者，像通常處理靜態問題那樣，我們應當再置

$$g_{14} = g_{24} = g_{34} = 0 \tag{8}$$

現在剩下來的是要確定那些規定我們的連續區的純粹空間幾何性狀的引力勢的分量（g_{11}, g_{12}, … g_{33}）。由於我們假定產生場的物質是均勻分佈的，所以所探求的量度空間的曲率就必定是個常數。因此，對於這樣的物質分佈，所求的 x_1、x_2、x_3 的閉合連續區，當 x_4 是常數時，將是一個球面空間。

比如說，用下面的方法，我們可得到這樣的一種空間。我們從 ξ_1、ξ_2、ξ_3、ξ_4 的四維歐里得空間以及線元 $d\sigma$ 入手；也就是

$$d\sigma^2 = d\xi_1^2 + d\xi_2^2 + d\xi_3^2 + d\xi_4^2 \tag{9}$$

在這空間裏，我們來研究超曲面

$$R^2 = \xi_1^2 + \xi_2^2 + \xi_3^2 + \xi_4^2, \tag{10}$$

此處 R 表示一個常數。這個超曲面上的點形成一個三維連續區，即一個曲率半徑為 R 的球面空間。

我們所以要從四維歐里得空間出發，僅僅是為了便於定義我們的超曲面。我們所關心的只是超曲面上的那些點，它們的度規性質應該是同物質均勻分佈的物理空間的度規性質相一致的。為了描繪這種三維連續區，我們可以使用座標 ξ_1、ξ_2、ξ_3（在超平面 $\xi_4 = 0$ 上的投影），因為根據 (10)，ξ_4

可由 ξ_1、ξ_2、ξ_3 來表示。從 (9) 中消去 ξ_4，我們就得到球面空間的線元的表示式

$$
\left.\begin{aligned}
d\sigma^2 &= \gamma_{\mu\nu}\,d\xi_\mu d\xi_\nu \\
\gamma_{\mu\nu} &= \delta_{\mu\nu} + \frac{\xi_\mu \xi_\nu}{R^2 - \rho^2}
\end{aligned}\right\} \tag{11}
$$

此處 $\delta_{\mu\nu}=1$，倘若 $\mu=\nu$；$\delta_{\mu\nu}=0$，倘若 $\mu \neq \nu$；並且 $\rho^2 = \xi_1^2 + \xi_2^2 + \xi_3^2$。如果考查 $\xi_1 = \xi_2 = \xi_3 = 0$ 這樣兩個點中的一個點的周圍，所選取的這種座標是方便的。

現在我們也得到了所探求的空間－時間四維宇宙的線元。

顯然，對於勢 $g_{\upsilon\nu}$（它的兩個指標都不同於 4），我們必須置

$$
g_{\mu\nu} = -\left(\delta_{\mu\nu} + \frac{x_\mu x_\nu}{R^2 - (x_1^2 + x_2^2 + x_3^2)}\right) \tag{12}
$$

這個方程式同（7）和（8）聯合在一起，就完全規定了所考查的四維宇宙中量桿、時鐘和光線的性狀。

———————

§4. 結論

上述思考顯示了僅僅由引力場和電磁場作用物質的理論構成的可能性，而用不著按照米（Mie）的理論路線去引進一些假設的附加項。由於在解決宇宙學問題時，它使我們免除了引進一個特殊常數 λ 的必要性，所看到的這種可能性就顯得特別可取。但是另一方面，也有一種特殊的困難。因為，如果我們把（1）限定為球對稱靜止的情況，那麼我們就只得到一個方程，這對於確定$g_{\upsilon\nu}$和$\phi_{\upsilon\nu}$來說是太少了，其結果是，電的**任何球對稱分佈**看來似乎都能夠維持平衡。因此，根據已有的場方程，還是遠遠不能解決基本量子的構成問題。

（范岱年・許良英　譯）

史蒂芬・霍金

　　一九四二年於伽利略逝世三百週年誕生，世人公認是愛因斯坦之後最傑出的理論物理學家。承襲牛頓擔任劍橋大學數學系盧卡斯講座教授長達三十餘年。其著作包括：《圖解時間簡史》（擴充修訂新版）、《胡桃裡的宇宙》、《新時間簡史》（《時間簡史》普及版），以及《大設計》等，並主編物理學與天文學經典《站在巨人肩上》五巨冊（其中包括哥白尼、伽利略、克卜勒、牛頓，以及愛因斯坦，總計兩百餘萬字的原典以及霍金的導論）。以上霍金各書中文版均由大塊文化出版發行。霍金擁有十二個榮譽頭銜，還獲得許多獎項與勳章，他是英國皇家學會會員與美國國家科學院院士，他在進行理論物理學研究的同時，並沒有忽視家庭生活（他有三名子女和一個孫子），此外為了科學知識的普及，他生前持續在世界各地旅行，並為公眾演講。二〇一八年三月十四日，霍金結束他七十六年的精彩生命，留給世人一個永存記憶的科學典範。

註釋

哥白尼

1. 這篇序言最初被認為是哥白尼本人所作，但人們後來才知道，它其實是由哥白尼的一個朋友、路德教派神學家安德里亞斯・奧西安得所作，他當時負責《天體運行論》的編印。——英譯者

2. 托勒密讓金星沿著一個本輪運轉，它的半徑與攜帶此本輪的偏心圓的半徑之比約為3：4。因此可以想見，按照奧西安得所說的比例，行星的視星等將會隨著行星與地球距離的改變而改變。而且已經發現，無論行星什麼時候在本輪上，太陽的平位置看起來都位於 *EPA* 這條直線上。因此，正如觀測所表明的，如果承認本輪和偏心圓的比例，那麼從地球上看去，金星的位置就永遠不會超過與其本輪的中心即太陽的平位置相距40°處很遠。——英譯者

3. 前三段引言可以在托恩（Thorn）百周年紀念版和華沙版中找到。——英譯者

4. 「軌道圓」（orbis）是指行星在其天球（sphaera）上運動時所處的大圓。哥白尼用orbis一詞主要指的是圓而非球，因為儘管球對於運動的機械解釋來說也許是必要的，但對於數學解釋來說只有圓才是必不可少的。——英譯者

伽利略

1. 在這兒，作者的natural motion被譯成了「自由運動」，因為這是今天被用來區分文藝復興時期的natural motion和violent motion的那個名詞。——英譯者。

2. 這個定理將在下文中證明。——英譯者。

克卜勒

1. 因為我已經在《火星評註》第48章、第232頁上證明，該算術平均值或者等於與橢圓軌道等長的圓周的直徑，或者略小於這個數值。——原註

2. 克卜勒計算比值時總是把比例各項從大到小排列，而不是像我們今天這樣先排比例前項，後排比例後項。例如克卜勒說，2：3與3：2是一樣的，3：4大於7：8等等。——英譯者

3. 這就是說，由於土星和木星每二十年彼此相對旋轉一圈，它們每二十年遠離81°，而這81°的距離的終位置卻跳躍式地穿越了黃道，大約八百年後才又回到同一位置。——英譯者

愛因斯坦

1. 當時作者並不知道洛倫茲和彭加勒在1904—1905年間發表的有關論文。——英譯者

2. 即在第一級近似上。——英譯者

3. 這裡，我們不去討論那種隱伏在（近乎）同一地點發生的兩個事件的同時性這一概念裏的不精確性，這種不精確性同樣必須用一種抽象法把它消除。——英譯者

4. 這裏的「時間」表示「靜系的時間」，同時也表示「運動著的鐘經過所討論的地點時的指針位置」。——英譯者

5. A.Einstein，《放射學和電子學年鑒》（*Jahrbuch für Radioakt. und Elekronik*），1907年，第4卷，第411—462頁。——英譯者

6. 自然，我們不可能用沒有引力場的座標系的運動狀態來代替一個任意的重力場，同樣也不可能用相對性變換把一個任意運動著的媒質上的一切點都變換成靜止的點。——英譯者

7. S_1和S_2的大小同h相比較，可以看做是無限小的。——英譯者

8. 見前註。——英譯者

9. L. F. Jewell〔法國《物理學期刊》（*Jorun. de Phys.*），1897年，第6卷，84頁〕，尤其是Ch. Fabry和H. Boisson〔法國科學院《報告》（*Comptes. rendus.*），1909年，第148卷，688—690頁〕，實際上已經以這裏所計算的數量級發現精細譜線向光譜紅端的這種位移，但是他們把這些位移歸因於吸收層的壓力的影響。——英譯者

10. 這種在認識論上令人滿意的答案，如果它同別的經驗有矛盾，當然在物理上還是靠不住的。——英譯者

11. 厄缶（Eötvös）實驗證明，引力場非常精確地具有這一性質。——英譯者

12. 我們假定對於空間裏貼近的，或者——比較嚴格地說——對於空間—時間裏貼近的或者相重合的事件，可能驗證「同時性」，而用不著給這個基本概念下定義。——英譯者

13. ρ是物質的平均密度，其所計算的空間，比相鄰恆星間的距離要大，但比起整個星系的大小來則要小。——英譯者

14. Akad de Sitter，《阿姆斯特丹科學院報告》（*van Wetensch. te Amsterdam*），1916年11月8日。——英譯者

圖片使用說明

Page 153: Newton, color print 1795 by William Blake; Tate Gallery, London.

Page 154–155: The Principa; Tessa Musgrave, National Trust Photographic Library.

Page 156: Cartoon (18th c.) lampooning Newton's theory of gravity; British Library, London.

Page 159: Sir Isaac Newton; National Portrait Gallery, London.

Page 160: Moon*runner* Design.

Page 164–166: Diagram of a reflecting telescope by Sir Isaac Newton; Prepared by Dr. Dow Smith in association with Itec Corporation, Seattle/Tokyo.

Page 169: Moon*runner* Design.

Page 172: Moon*runner* Design.

Page 174–175: English telescope, c.1727–1748; Private collection.

Page 177: Moon*runner* Design.

Page 180: Moon*runner* Design.

Page 184–186: Moon*runner* Design.

Page 188: Moon*runner* Design.

Page 191: Moon*runner* Design.

Page 192: Albert Einstein in 1920; Albert Einstein.

Page 194: Young Albert Einstein; Einstein Archives, New York.

Page 197: Albert Einstein with his family; Einstein Archives, New York.

Page 198: Albert Einstein in Berlin; Schweizerische Landesbibliothek, Bern.

Page 199: Albert Einstein with Charlie Chaplin at the Premier of City Lights; Ullstein Bilderdienst.

Page 200: Albert Einstein; The Jewish National and University Library, Jerusalem.

Page 202: Moon*runner* Design.

Page 205: Moon*runner* Design.

Page 210: Moon*runner* Design.

Page 212: Moon*runner* Design.

Page 217: Moon*runner* Design .

Page 219: Moon*runner* Design.

Page 221: Moon*runner* Design.

Page 222–223: Moon*runner* Design.

Page 224–225: Moon*runner* Design.

Page 228–229: Moon*runner* Design.

Page 231: Moon*runner* Design.

Page 233: Moon*runner* Design.

Page 234–235: Moon*runner* Design.

Page 238–241: Moon*runner* Design.

Page 242: Moon*runner* Design.

Page 245: Moon*runner* Design.

Page 248: Stephen Hawking in 2001; Stewart Cohen.

Jacket: Moon*runner* Design.